菱形戦車マークIV

オーナーズ・ワークショップ・マニュアル

デヴィッド・フレッチャー【著】
宮永忠将【訳】
大日本絵画

GREAT WAR TANK Mark IV
Owners' Workshop Manual

Author: David Fletcher
Japanese translation by Tadamasa Miyanaga
Dainippon Kaiga

THE TANK MUSEUM

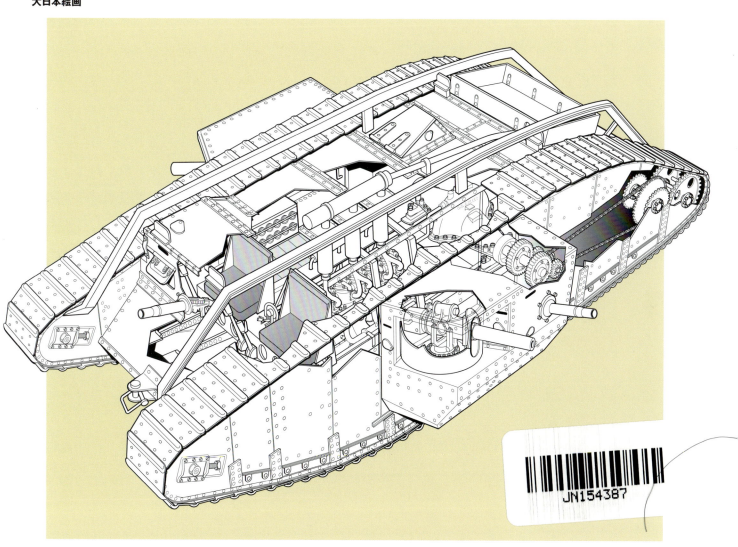

イギリス軍菱形戦車マークIV、その誕生の歴史から開発の経緯、
運用、そして戦闘に関する記録

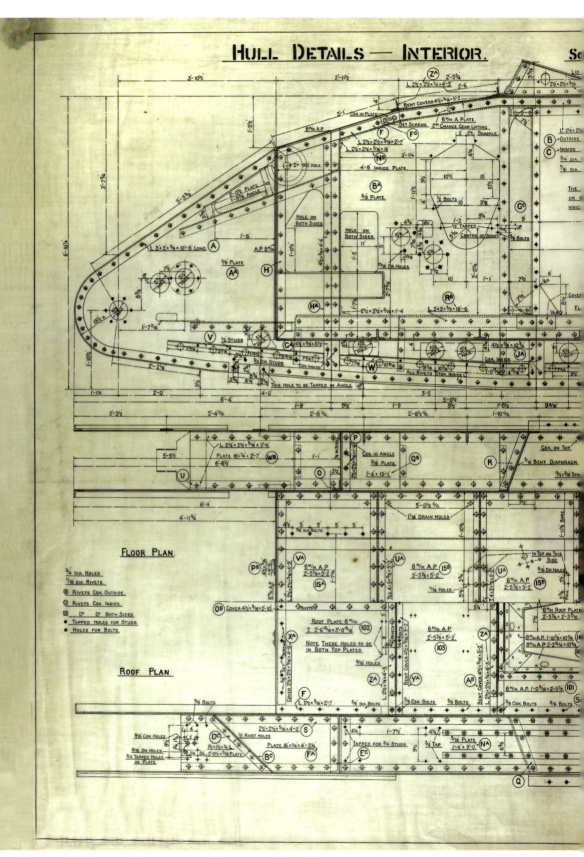

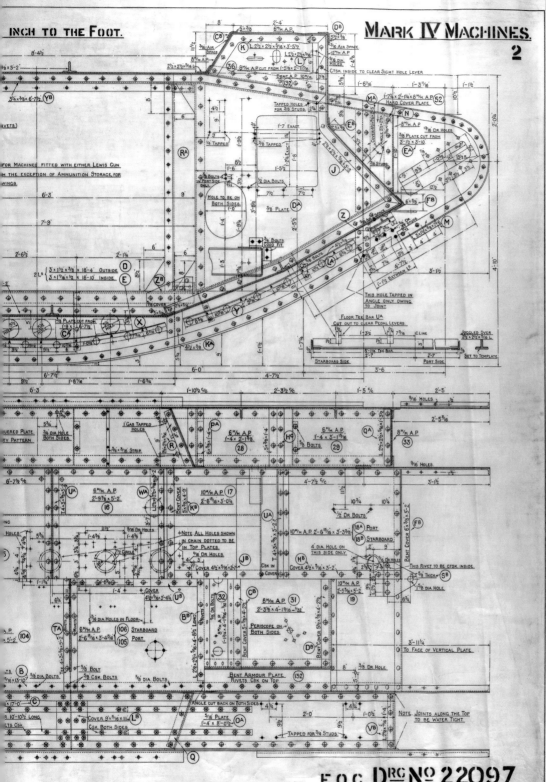

Contents

6	プロローグ

8	イントロダクション

12	戦車の物語

マークⅣ戦車の設計と製作	14
■ 起源	14
■ マークⅣ戦車の生産	16
■ 派生型	20
マークⅣ戦車A型	20
マークⅣタッドポール型（車体延長型）	20
補給戦車	23

30	戦車の構造

戦車の概要	32
車体	32
ダイムラー105馬力エンジン	32
ギアとギアボックス	39
燃料と燃料補給	42
履帯、スパッド、泥地脱出用角材	44

52	戦車の武装

66	迷彩、塗装、マーキング

| 塗装、名前、マーキング、泥 | 71 |
| 番号 | 73 |

74	マークⅣ戦車の操作

マークⅣ戦車の操縦	76
パフォーマンス	84
視察と航法	84
鉄道輸送	88

92	戦場の戦車

マークⅣ戦車の軍事行動	94
■ 中東戦域の戦車	94
■ 第三次イープル戦と 　コッククロフトの戦い	95
■ 大規模上陸作戦となった 　ハッシュ作戦	99
■ カンブレーの戦い	102
ファシーン	108
■ 戦車と騎兵	111
■ 獰猛なウサギの時代	113
■ 北運河	116
■ 崩壊	118
■ 鹵獲戦車	119
■ 対戦車兵器	125

128	退役車両と現存車両

現存車両	130
アシュフォード戦車	132
4093号車「Lodestar Ⅲ」	135
エクセレント戦車	137
F4号車「Flirt Ⅱ」	142
D51号車「Deborah」 識別番号2620	147
稼働戦車とレプリカ戦車、および責任について	153

156	付録

◀ボーヴィントン戦車博物館のマークⅣ戦車。戦闘中、このような機械兵器が迫ってきたらどんな気分か、そのような想像を掻き立てる構図である。

プロローグ

　チャレンジャー2主力戦車のような21世紀の技術的最先端をまとった戦車を操る兵士にとっては、菱型戦車マークⅣには歴史的遺物という印象しか持てないだろう。リベットがむき出しになった鉄の箱に押し込められた8人の男が、焼けただれたエンジンを取り囲むように部署されて、常に排煙にあえぎながら戦わねばならない地獄のような環境を想像するに違いない。初期の戦車にはスプリング・サスペンションがなく、最高速度はせいぜい時速3マイル（約4.8km）で、砲搭載のオス型は望遠鏡に目盛りが付いた程度の未熟な照準器に頼るしかなかった。そうした世界初の戦車の実態を知れば、未熟な機械でどのようにして戦場にたどり着き、戦おうというのか、そして最終的にどうやって生き残るのか見当もつかないというのが、現代の戦車兵の最初の感想だろう。

　しかし、このような認識は誤解である。1917年におけるマークⅣ戦車もまた時代の技術の結晶のような最新兵器であり、選ばれた戦車兵は、新時代の軍事技術に携わるのにふさわしい資質を備えた兵士であった。適性能力はもちろんのこと、平均的な戦車兵でさえ充分な訓練を受けなければ乗車する資格を得られなかったのである。実際、1917年のよく訓練された戦車兵は、戦車のメカニズムを知り尽くしていて、緊急とあらば自力で修理できた。これは現代の戦車兵にも求められる技能である。しかし原初の戦車の場合、これは生死に直結する。もしマーク.Ⅳ戦車が故障して立ち往生しても、誰も救援はできず、搭乗している戦車兵が自らの手で直すしか助かる術がないのだ。

　結局のところ、戦車兵の技術のすべては訓練次第なので、例えば今日の戦車兵がマークⅣ戦車に乗っても、あるいは逆の場合でも、想像以上にすんなりと習熟できるだろう。仕事という点では、戦車兵の本質的な役割は変わっていないのだ。人間の営みは繰り返されるのが常なので、こうした仮定には一定の合理性がある。本書には、遺棄された友軍戦車まで徒歩で向かい、必要な部品を取り外して自車の修理に使い、無事に戦車とともに生還したというような例がたびたび出てくる。実際、実話に基づく説明には胸が躍るはずだ。1917年11月のカンブレーの戦いにおけるF24号車「FriskyⅡ」の搭乗員を例に挙げてみよう。

　「フロット農場めがけて乱射される重機関銃の火線の中を前進した。味方の歩兵はついて来られないので、戦車は引き返した。そして歩兵に、攻撃すべき敵の火点を指示してもらう。これらに攻撃を試みたが、沈黙させられなかったため、戦車は再び引き返すと、士官と6名の兵士を乗せて敵の火点に向かった。途中には1両の戦車が遺棄されていた。すぐに兵士が確認に向かったが、敵の姿は確認できなかった。戦車は燃料不足のために後方に退かねばならなかったが、燃料補給用の戦車には接近できなかったので、車内の3つの予備ガソリン缶から手動でキャブレターに注がねばならなかった。ようやく燃料補給された戦車は、攻撃開始地点まで自走して戻ったのである（The History of the Sixth Tank Battalion, 1919）」

　メインのガソリンタンク給油口があるのは車外なので、戦闘中は危険と判断して、車内のキャブレターにガソリン缶を使って給油する状況を想像して欲しい。なにかの弾みで火災が発生してもおかしくないわけだが、そんな事例は数百も発生していたのであった。

　もちろん、別の現実もある。今日の若い士官は、1917年当時にカンブレーの戦場を満たしていた、50両あまりのマークⅣ戦車など、チャレンジャー戦車が2両もあれば、圧倒的性能差で瞬時に制圧できると考えるだろう。これを拡大すれば、チャレンジャー2戦車装備の1個機甲連隊があれば、マークⅣ装備の9個戦車大隊が投入された1917年のカ

▼レジー・ライルス大尉と彼の部下の戦車兵たちが、メス型の菱形戦車の前で。1917年ロランクールの戦車集積場にて。

▲ボーヴィントンにて各種アップグレードや装備開発試験に使用されているチャレンジャー2主力戦車。ボーヴィントンは第一次世界大戦時のイギリス軍戦車訓練場に指定され、現在までその役割を引き継いでいる。

ンブレーを、容易に制圧できることになる。それだけ兵器の性能は進化を遂げている。

"Great War Tank Manual"は、カンブレーの戦いに多くのページを割いている。これは当然のことで、この戦いは第一次世界大戦において大量のマークⅣ戦車が投入された重要な会戦であり、各車で想定外の操作が発生したことが、マニュアルの更新に反映されている。

無論、カンブレーより前の、第三次イープル戦における戦車登場の衝撃の強さを無視するのは間違いだ。例えばJ.F.C.フラーは「30トンの金属の塊を泥濘の中で動かすための実地研究」と切って捨て、バジル・リデル・ハートは、イギリス史の公式刊行物が「戦車は砲弾の炸裂でできた砲弾孔に落ちたり、はまり込んで身動き取れなくなったが、合計19個の梯団が歩兵の先へ前進し、作戦第二目標の奪取に価値のある援助となった」と評価している記述内容について「虐待」と言い捨てたように、同時代の専門家からは戦車の誤った運用であると処断された。

事実として、第三次イープル戦に投入された戦車は、カンブレーの戦いのそれより劣っていたわけではなく、ハッシュ作戦（1917年夏のベルギー沿岸上陸作戦）が示したような、新兵器投入に必要な新機軸の欠如が失敗の要因であった。ダグラス・ブラウンが"The Tank in Action（William Blackwood, 1920）"に詳述したように、1917年8月、サン＝ジュリアン近郊のドイツ軍強化陣地に対して実施された作戦の成功が、規模は小さいながら、戦車の運用とはいかなるものであるべきかを示している。この時の経験が示したのとは対極的に、イープル周辺の状況は戦車軍団が懸念したとおりの、兵員と機械、双方にとっての試練となった。そしてカンブレーで戦車軍団が良好な状態を保って優れた能力を発揮した事実は、第三次イープル戦がまさに試練であり、戦車軍団はこの戦場での経験によって、将来の課題に備えることができたことになる。以上の理由から、第三次イープル戦だけを見て戦車を無用であると見なし、その成果から目を背ける必要はないのである。

しかし、まず最初にマークⅣ戦車の採用にいたる論理的な理由を詰める必要がある。最初のマークⅣ戦車が実用段階になる前に、トランスミッションが改善された戦車が準備できていた。そのために、多くの部署から、（ランドシップ――陸上軍艦委員会の）アルバート・スターンが生産設備を分散させたことで、軍が優れた戦車を必要としていた時に、複雑で時代遅れの在庫を多数ため込んでいたという苦情があがった。

この非難は事実に基づいているが、当時、生産設備の状況は全体的に逼迫していて、戦車の優先順位が低かったという点を見落としている。原因は政治的要素もあり、個人的な理由からも発しているのだ。

主として技術論文であったため、そのような問題が、本書の記述の基準にふさわしいかどうか、スペースは限られているので、その議論の是非はここでは追及しない。この問題を追及したければ、多少の偏向は認められるものの、アルバート・スターン卿の"TANKS 1914-1918, The Log-Book of a Pioneer"（Hodder & Stoughton, London, 1919）を読むべきだろう。

イントロダクション

イングランドのリンカーンという町が戦車生誕の地であることは確かであるが、今日の訪問者がそのような聖地の痕跡を見いだすことはできないだろう。それでも探求を続けるなら、ホワイト・ハート・ホテルのヤーボロー・ルームの扉に彫刻された真鍮製のプレートが目にとまる。そのプレートには「ここでウィリアム・トリットンとウォルター・ウィルソンが〈マザー〉と呼ばれる最初の戦車の設計作業をおこなった」ことが刻まれている。またリンカーンシャー生活史博物館では、この地で製造されたというわけではないが、第一次世界大戦におけるもっとも重要なイギリス製戦車であるMk.Ⅳ戦車（メス型）を見ることができる。

だが深く調査するほど、結果には失望させられる。リンカーンのニュー・ブルサム地区にはトリットン・ロードがある。トリットンが誰かを知っていれば、一見の価値があるだろうか。実際、そこに残る長い壁は、ウィリアム・フォスター株式会社の持ち物で、数両の戦車が試作されたウェリントン工場の跡地であるが、往時を偲ばせるのはこの壁だけしかない。

かつてリンカーンで製粉業を営んでいたウィリアム・フォスターは、エンジニアとしての情熱を抑えられず、やがて農業機械や製粉機械の製造業を興した。フォスターは1876年に死去したが、幸運なことに役員会が事業継続に意欲的であり、1900年にはニュー・ブルサムのファース・ロードにウェリントン工場の前身となる新工場を建設した。そして1905年には大胆な経営者を得ることになる。

1875年生まれのウィリアム・アシュビー・トリットンは優れたエンジニアであったが、フォスター社のジェネラル・マネージャーに就任すると、大胆な挑戦に着手した。フォスター社は巨大企業になろうという方針は抱いていなかったが、トリットンはまず南米市場で確固たる地位を築き、次いで会社の設備を徐々に近代化して、蒸気機関ベースの機械開発から、内燃機関を使用したトラクターの開発に軸足を移した。このことが海軍省がフォスター社に注目するきっかけとなり、ひいては陸軍省との関係に繋がっていくのである。

1915年7月29日、ロンドンにいたウィリアム・トリットンは「ランドシップ：陸上軍艦」の試作車両製造の契約を結び、会社に電報を打った。以下はその抜粋である。「陸上軍艦の製造において、我々はウィルソン氏の監督を受ける。彼とレグロス氏がリンカーンに来訪する。可能であれば導入作業を開始するようにスターキーに依頼するように。本日午後、ダインコート氏との面談の結果をまた電報する」

このウィルソンとは、英国海軍航空隊のウォル

▶ウィリアム・アシュビー・トリットンはフォスター社の取締役であり、戦車としての使用に耐える無限軌道の開発者でもあった。

▶▶戦車軍団の少佐の軍服を着用しているウォルター・ゴードン・ウィルソン。彼は戦車を菱形にするという着想を推進した。彼とトリットンは戦車開発の功績により、1919年に王立委員会から表彰されている。

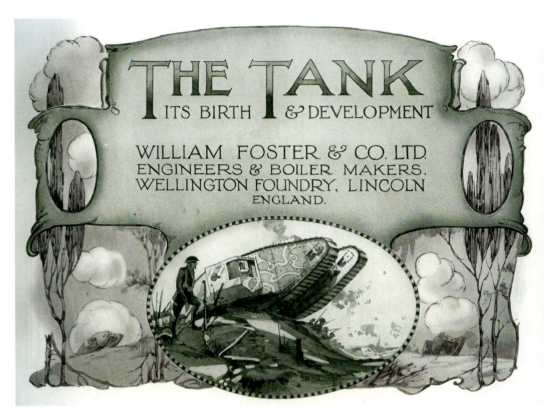

◀フォスター社は戦車開発の黎明期において多くの発明、新機軸を導入していた。また第一次大戦後には戦車に関する出版も手がけていた。

ター・ゴードン・ウィルソン中尉のことで、この開発計画における任務はリンカーンに派遣された海軍の監察官という立場であったが、彼は独創的な天才と評すべき立派な人物である。ルシアン・レグロスは様々な試作車についての青図を描いていた人物で、海軍省の陸上軍艦委員会の技術アドバイザーをこれまで5ヶ月間務めてきたR.E.B.クロンプトン大佐の旧友であった。レグロスの最新試作案は、当初、製造に同意していた多くの工場やメーカーが、いざ開発に着手すると困難に直面し、断念を強いられるという苦境にありながら、製造される寸前までこぎ着けていた。フォスター社はこの製造を引き受けたわけであるが、クロンプトン大佐が任務から外されてしまったために、彼が主導した計画実現の芽はなくなり、計画の中でレグロスが果たすべき役割も不透明となって、最終的には白紙に戻されてしまった。

その結果、フォスター社の企画主任であるジェームズ・スターキーが1917年に技術責任者となり、彼の前職はすでにクロンプトンの仕事を手伝うために陸上軍艦の開発に長く従事していたウィリアム・リグビーに引き継がれた。ユースタス・テニソン・ダインコートは海軍省の造船局長であり、彼自身には不本意であったが、海軍大臣のウィンストン・チャーチルによって海軍陸上軍艦委員会の議長に任じられ、計画全体を監視する立場となっていた。

フォスター社が契約を得ると、トリットンは開発を進めるために、再びロンドンから工場に電報を打った。抜粋すると「ダイムラーを一式そろえて、リグビー・ドリューのような箱の中に組み込んで完成させる」とある。ダイムラーの一式とは、もちろん105馬力のダイムラー＝ナイト製6気筒エンジン、

▼フォスター社は自社製牽引機関車用エンジンの釜の蓋にも戦車の意匠をあしらっていた。

クラッチ、ギアボックス、ディファレンシャルなど一式をフォスター＝ダイムラー・トラクターの車体に組み込んだものを指す。しかし「リグビー・ドリューのような箱」とは？　おそらくこれは、リグビーがロンドンでクロンプトンと過ごした時間に関係があることで、その場合、クロンプトンはフォスター社の最初の設計に何らかの関与をしていたのかも知れない。

歴史は常に着実に進歩するものであり、素晴らしい物事が続くものだと受け入れられがちであるが、現実にはそのようなことが稀であると経験が教えてくれる。この場合、以下を記憶すべきであろう。トリットン、ウィルソンをはじめフォスター社のスタッフは「No.1リンカーン・マシーン」と一般的に呼ばれる試作車両を製造し、バーミンガム北部のバートン・アポン・トレントにて、クロンプトン大佐の元での陸上軍艦開発計画の掉尾を飾ったブルロック・トラクターのような代替設計に基づく実験を進めていた。

クリミアとボーア戦争で勲章を授与されるという軍務に裏付けられ、尊敬に値するエンジニアであったルーケス・エヴリン・ベル・クロンプトン大佐は、1915年初頭に設けられた海軍陸上軍艦委員会においては、チャーチルに次ぐナンバーツーの立場であった。彼は陸上軍艦については連結式と呼ばれる設計案の支持者であったが、情勢の変化には軍人らしく柔軟に対応して、海軍省の技術担当者らが構想した砲塔搭載型の車両の有用性に賛同した。これは後に陸軍省が求めたものと同じである。とはいえ、クロンプトンは正確な図面を提供できないだろうと開発企業は見抜いていたので、彼の姿勢や主張にはほとんど意味はなかった。このような状況から、1915年夏までに完成したのは木製モックアップまでであった。

一方、関連企業から持ち出された案には、複雑なデザインばかりが評価されていることもあって、主契約企業は尻込みをしていた。ウェンズバリーの鉄道企業、パテント・シャフト・アンド・アクスルツリー株式会社やメトロポリタン鉄道車両会社などが4月中旬に主契約企業に選定された。この時、クロンプトンが最初に選定していたチェシャー、サンドバックのフェーデンス社は、工場のトラブルのために断念しなければならなかった。パテント・シャフト社はまもなくこの事業の見通しの暗さに気づいたが、ユースタス・テニソン・ダインコートがこの契約をウィリアム・フォスター社に移管する1915年7月までは事業継続に同意した。

いずこかの時点で、物事はやや複雑になってきた。クロンプトンは間もなく、フォスター社が途中まで陸上軍艦を製造し、後に完全版の連結タイプを製造するように求められていたことを知った。クロンプトンは当然のことながら激怒して、トリットンのエンジニアとしての能力に疑問を呈する書簡をしたためた。しかしトリットンとウィルソンがダイムラー製エンジンをベースとした異なる設計案に着手していたことを知ったクロンプトンは、面目丸つぶれとなった。このことは、彼の洗練されたエンジニアリングよりも、大まかな準備でしかなかったアプローチが優れていたことを示唆している。

クロンプトンは未だに適切な図面を出せないでいたので、フォスター社では完成品とか半完成品とかいう以前に、クロンプトンの陸上軍艦を製造することはできなかった。しかしいずれにしても、スターンは、慎重で衒学的なクロンプトンと彼のヴィクトリア時代風の仕事の進め方に対して忍耐が尽きていたので、トリットンとウィルソンが素早く実行可能な開発案を出してくることに頼っているのは明らかであった。しかし偏見の目を持たずに観察すれば、クロンプトンの最終設計案と、後にリトル・ウィリーとして完成する機械の間には、少なくとも外観的には、明確な類似点があることは認めざるを得ない。

トリットン＝ウィルソンの設計案をもとに、8月11日からウェリントン工場で陸上軍艦の製造が始まり、9月8日までには完成した。しかしトリットンとウィルソンは無限軌道式のブラック式履帯を地面に平らに置いても、決してうまく働かないことを知っていた。

それでも翌日にはフォスター社の敷地に引き出して動かしてみようという試みはあったが、望みは薄かった。トリットンとウィルソンが認識していたように、一定の長さを持つバネのない履帯は、地面の凹凸に追従するが、操縦性は劣悪であった。トリットンは必要な改修にすぐに着手したので、車両は10日後の1915年9月15日に動かせる状態になったのである。

新たにデモンストレーション会場に選ばれたのは、クロス・オクリフから2kmほどの場所で、アメリカにおけるクロンプトンの代理人のジョージ・フィールド、イギリス陸軍士官で、海軍の開発計画には参加していないが、陸上軍艦構想については海軍同様の見解に達して熱心に支持していたアーネスト・スウィントンが同席していた。

この時の試験では、トリットンが改修を施していたにもかかわらず、決して良好な性能を発揮できなかった。障害物に直面するたびに履帯が外れてしまい、動かなくなった車両を修理するのに二日も費やしたあげくに、工場に戻さねばならなかったのだ。車両の検証に立ち会ったジョージ・フィールドは、すぐに問題点を理解した。使用法に関する詳細な指示書を添付していたにもかかわらず、フォスター

社の開発陣は、シカゴから送られた部材を使用していなかったのである。ジョージの観点では失敗は不可避であった。トリットンもウィルソンもアメリカ製履帯を信用していなかったというのが事実かも知れないが、いずれにしても2人は急いでいた。両者とも履帯を変えなければならないことに気づき、ウィルソンは新たに求められる足回りに関して、すべての要求に応えられそうな設計案にたどり着いていたのであった。計画は次のようなものと想像される。ジョージ・フィールドは新車両が低速に過ぎると主張し、その原因を、トリットンとウィルソンがダイムラー製エンジンとギアボックスを前部に据えたことにあると非難した。新型車両は前進1段、後退2段という操作系になっていたのだ。この不具合を直すのは容易であったが、実際に直された証拠はない。したがって、フィールドの批判がまだ有効であるという証拠が出てくる可能性は残っている。

▼1918年3月2日撮影、写真の最右のウィリアム・トリットンは1917年2月13日にナイト爵位を授かった。サー・ウィリアム・ロバートソン将軍がフォスター社を訪問した際の撮影で、写真左の2名は、J.スターキーとC.W.ペンネル。

【第1章】
戦車の物語

　戦車の発明は、第一次世界大戦における偉大なドラマのひとつであった。戦車は前例となる兵器が存在しない状況から創造されただけでなく、完成したそばから戦場へと送られていった。このようないきさつでは、当然のことながら、戦車は不完全な兵器としてはじまり、絶え間のない改修を必要としたのである。

◀マークⅣ戦車を組み立て中の写真。リンカーンのフォスター社、ウェリントン工場にて。近い2両からはオリジナルの覆い式ラジエーターが写っているのをはじめ、この写真からは菱形戦車の細部が確認できて興味深い。

▲ドリス・ヒルの泥濘の中で終戦間際の時期のリトル・ウィリー。この時にはすでに、重要な技術的マイルストーンではあるものの、過去の遺物となっていた。

▼ボーヴィントン戦車博物館に展示されているリトル・ウィリー。固い地面に置かれた場合に、接地面が緩やかなカーブを形成している点に注目して欲しい。

マークⅣ戦車の設計と製作

■起源

　マークⅣが最初の量産型戦車であり、それ以前のマークⅠからマークⅢに至る菱形戦車がプロトタイプであったと考えている読者がいたら、それはとんでもない誤解である。塹壕戦の膠着状態に陥った西部戦線での停滞を打破するための陸上軍艦という着想は、海軍大臣のウィンストン・チャーチルに帰する。この実験は海軍のスタッフが中心となって進め、予算も海軍が負担していた。残念なことに、海軍の計画は当初の陸上軍艦案から逸脱して、歩兵を乗せて両軍の間に横たわる無人地帯を走破し、敵の鉄条網や塹壕などの障害物を乗り越えてから、確保した突破口で歩兵が飛び出して戦うという用途の機械の開発に変化して、失敗した。戦車ではなく、今日の装甲兵員輸送車の着想に近づいてしまったのである。

　1915年の初夏に、陸上軍艦の開発計画を引き継いだ陸軍省には、別の思惑があった。陸軍が求めていたのは鉄条網や塹壕を乗り越えて戦える機械であるが、同時に前線で歩兵に直協して火力支援できる火砲や武器の搭載を望んでいたのである。また、敵の反撃に対して一定の防御力を有することも期待されていた。

　海軍省は内部の専門家に強い自信を抱いていた。クロンプトン大佐は連結式の車両とすることを強く推奨し、陸軍省の需要に応えるべく、連結式というコンセプトを残したまま、砲塔を搭載するように再設計して準備をしていた。ただしこれは、機械的には非常に複雑なものとなった。

　クロンプトンの設計案が、より現実的で商業的な2人のエンジニアによっていかに改良されたかという物語は、ここで説明するには複雑すぎる。結果として未完の車両である「リトル・ウィリー」が生まれたわけであるが、新型の装軌式車両を考案したのは、農業機械製造メーカーとしてリンカーンに本社を構えるウィリアム・フォスター株式会社のウィリアム・アシュビー・トリットンであった。彼のパートナーであるウォルター・ゴードン・ウィルソンは装軌式の駆動装置の潜在能力から新しい機械の着想を得ていた。それは大雑把には菱形をしていて、車体の外周を無限軌道が取り巻くという構造で、塹壕が縦横に掘られ、砲弾でめちゃくちゃになった土地を移動するという課題の解決にあと一歩のところまで迫

▲1916年1月、リンカーンのバートン・パークにて連続して置かれた障害物に突入する「マザー」。遠くに写っているのがトリットン、端でやや見切れているのがウィルソンで、機械の出来映えを見守っている。

る発見であった。フォスター社ではトリットンの履帯構造を使い、後に「ビッグ・ウィリー」、あるいは「マザー」と呼ばれるウィルソン設計の車両が試作された。1916年1月6日のことであった。

リンカーンのバートン・パーク、次いでハートフォードシャーのハットフィールド・パークでの試験を経て、この装置が次の段階の試験に入る価値があることが認められたが、150両の発注がかけられるのに先立ち、まずフランスに最初の試作車両が送られて、1916年9月中旬の作戦投入が準備されることになった。試験不十分の試作車両から、実戦投入の価値がある武器と見なされるまで、約9カ月というスピードであった。

それでもこの兵器を完璧と見なして喜ぶことはできなかった。後にマークⅠ戦車として知られる新兵器は、翌年夏までには時代遅れとなってしまった。マークⅠ戦車には、装甲の増量やスポンソン砲塔の改良、武器や燃料の補給方法など無数の改良要望が出された。それらの多くは、後継車両となるマークⅡやマークⅢ戦車の設計の中で徐々に解消され、本書で紹介するマークⅣ戦車で最終的な解決を見た。マークⅣ戦車の設計作業は1916年10月にはじまり、開発計画は順当にW.A.トリットンとW.G.ウィルソンにゆだねられた。ところが相当数のマークⅣ戦車の量産に繋がる大量発注は、合併症的な影響を引き起こす。その要因の一部分は関係者の人柄や、彼らが抱く偏見のようなものに左右される。特に戦車供給部のアルバート・スターンや、ダグラス・ヘイグ総司令官、軍需相のデイヴィッド・ロイド・ジョージが戦車の支持者となった一方で、スターンの事業の進め方に反感を抱いていた陸軍省の反対派や、要求をまったく満たしていない新兵器を売り込みたい民間企業などの抵抗がはじまったのだ。それでも最終的に1220両のマークⅣ戦車が発注された。その製造工場は、メトロポリタン鉄道車両会社のオールドバリー工場などが中心であったが、他にリンカーンのウィリアム・フォスター株式会社、ゲーツシェッドのアームストロング=ホイットワース株式会社、グラスゴーのミレーズ・ワトソン株式会社、コベントリー・オードナンス・ワークス社、ウィリアム・ビアドモア社などがそれぞれ50～100両程度の製造を分担することになった。しかし、戦車の登場は膨大かつ多様な素材だけでなく、工場における製造工数と時間、そして潜在能力までは数値化できない熟練労働者の手を必要とした点は指摘しておか

▼スポンソンを撤去したマークⅠ戦車（オス型）を、鉄道貨車に乗せている場面。リンカーンのフォスター社敷地で撮影。

▲超壕中のマークⅣ戦車（メス型）。マークⅠ戦車からの実質的な変更点は少なく、機械的な構造もほとんどを引き継いでいる。2719という数字から、バーミンガムのメトロポリタン社製造の車体であることが分かる。

▼描かれている番号から、このマークⅣ戦車（メス型）は、グラスゴーのミルリーズ・ワトソン社製の最後の戦車と判別される。

ねばならない。もちろん、これで話が終わるわけではない。戦争が終わるまでに、より高性能で洗練された戦車の開発は継続されるからだ。この流れで、マークⅣ戦車は1917年という重大な時期に戦争に投入されて、その後、数を減らしていった。それでも、1918年4月24日にカシー近郊で戦車対戦車の最初の戦闘が起こったとき、イギリス軍の主力はマークⅣ戦車であった。また戦車を交えた上陸作戦でも、マークⅣ戦車が投入されている。1917年11月20日にカンブレーの西方における掃討作戦では、476両もの戦車が投入されて勝利の原動力となっただけでなく、戦車の運用における将来像に繋がる戦訓を生んだ。マークⅣで得られた経験が反映された新型戦車は速度性能で上回り、操縦しやすく、信頼性も高かった。しかしマークⅣ戦車とその乗員が獲得したような経験ができた戦車は生まれなかった。

■ マークⅣ戦車の生産

　第一次世界大戦においてマークⅣ戦車の製造に関わっていた企業は、3つのカテゴリーに分けられる。第一は完成品の組み立てに従事する主契約企業である。最初にあげられるのがメトロポリタン鉄道車両会社で、640両のオス型、メス型戦車と180両の補給戦車を製造した。また組み立てラインには下請けとしてオールドバリー鉄道車両会社が参加した。他に組み立て工場としては、ウィリアム・フォスター株式会社がマークⅣ戦車（オス型）100両を引き受けていた。これらの組み立て工場は、原材料から作ることはなく、納入されてきた部品を組み立てて戦車を完成させた。戦車の部材としては、寸法どおりに切断された鉄材や熱処理された装甲鋼鈑、コンベントリーのダイムラー社から納入されたエンジンやギアボックス、オス型戦車の砲塔や、タインサイドにあるアームストロング社製の6ポンド砲などがあった。

　次のカテゴリーに属する企業は、すでに部分的に組み立てられた部品をとりまとめて完成させるタイプで、アームストロング＝ホイットワース社は100両のオス型を完成させている。この他には、グラスゴーのコンベントリー・オードナンス・ワークス（メス型を100両）、ミルリーズ・ワトソン株式会社（メス型を50両）、ウィリアム・ビアドモア株式会社（メス型と補給戦車を各25両）の3社があった。これらの企業は部分的な関与に見えるが、自社工場で完成させた車両を納入していた。本当に部分的な仕事をした会社としては、車体のリベット打ちを担当したノース・ブリティッシュ・ロコモーティブ社や、車両工場のハースト＝ネルソン＆カンパニーがある。他にこのような関与をしていた企業の存在は不明であり、またリベットで組み立てられた車体を別の工場などにどのように運んだかという記録は、現時点で見つかっていない。例外はビアドモア社で、彼らはクライドのダルミュアー工場で戦車を部材から製造したと主張している。

　戦車の重要部材を製造するメーカーのうち、第三のカテゴリーとなるのが、コンベントリーのダイムラー社である。同社は105馬力のダイムラー・エンジンを中心に、フライホイール、クラッチ、ギアボックス、ディファレンシャルなど一式を剛性シャシーと一体にしたものを納入していた。このシャシーは戦車の車体にそのまま組み入れられるようになっていた。ニューカッスルのアームストロング＝ホイットワースはオス型戦車が搭載する57㎜ 6ポンド砲を生産、納入し、ウィリアム・ビアドモア社のグラスゴーにあるパッカード工場や、シェフィールドを拠点

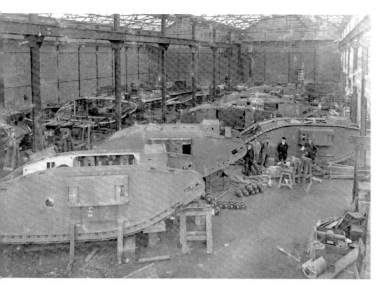

▲▲グラスゴー西部のダイムラー社、ウィリアム・ビアドモア工場で組み立て中の様々な状態の菱形戦車。写真の品質の悪さが惜しまれる。

▲ビアドモア工場で組み立て中の戦車の別の写真。車体に沿って、アイドラーからスプロケットまでそれぞれの末端をつなぐシャフトの状態が確認できる。

◀ビアドモア工場を出荷したてのマークⅣ戦車(メス型)。新造時の様子がよくわかる。

▼▼ビアドモア社の新造マークⅣ戦車(メス型)で、まだ車両番号その他、何も塗られていない。

▼グラスゴーの貨物自動車工場、ハースト=ネルソン&カンパニーが組み立てたマークⅣ戦車の車体。ただし、これをどのように運搬したのか、詳細は不明である。

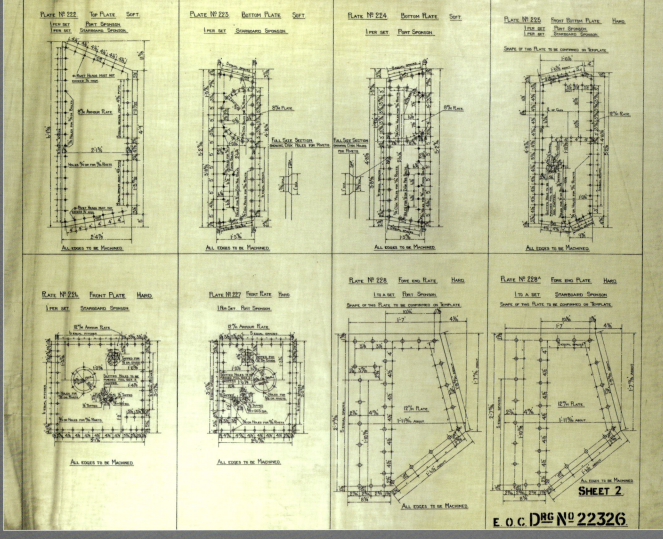

▲装甲配置の計画。

▼マークⅣ戦車(オス型)の車体と装甲配置に関する詳細図。

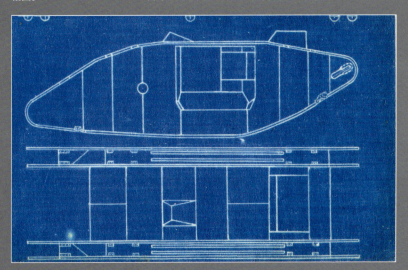

装甲板

　1967年、イングリッシュ鉄鋼会社から戦車博物館の学芸員宛てに送られた手紙によると、マークⅣ戦車の装甲鈑は第二次世界大戦時のIT.70規格とほぼ同等のニッケル＝クロム組成の均質圧延鋼板とのことであった。装甲の製作工程は、まず軟鉄状態のプレートに切断、穿孔を施してから、次に加熱処理をして、最終的に冷却水を満たしたコンテナの間で急速冷却プレス加工される。装甲鈑の完成品には6㎜、8㎜、12㎜の厚みが用意されていて、戦車における用途によって使い分けられる。例えば、最厚の12㎜鋼鈑は乗員区画の防護用、8㎜鋼鈑はエンジンおよび駆動系の保護、6㎜はプレス鉄製の履帯まわりの保護用となる。装甲には小銃、機関銃弾を弾き、砲弾や手榴弾の破片を通さない程度の防御力が求められた。

　クランフィールド大学の素材化学工学センターでは、第一次世界大戦当時の戦車の腐食した6㎜装甲鈑を分析したところ、クローム、ニッケル、モリブデンの含有量が低いことが判明し、摂氏850度で30分の熱処理をした後に急速冷却することで、表面硬化処理を施していたことが判明した。

とするヴィッカース社やキャメル・レイアード造船社などの鉄鋼会社も加わっていた。中でもビアドモア社は1914年に入ってすぐに海軍航空隊の装甲車用鋼鈑の生産に応じるという、変わった立ち位置にいた会社であるが、すでに説明したように、50両の戦車生産契約を結んでいた。またビアドモア社はパッカードの兵器製造部門で6ポンド戦車砲の生産を受注しており、グラスゴーから約10マイル離れたインシェルフに設けられた試験場で、性能試験にあたっていた。実際、ビアドモア社で製造していた戦車は、砲を持たないメス型と補給戦車であったが、6ポンド戦車砲を他の工場に供給していたのである。他にも、ビアドモア社は履帯の接合部品や、車載機銃用のボールマウントも製造していたのであった。

無論、カテゴライズされない仕事も見られる。リンカーンのフォスター社が履帯の接合部品を製造していたように、同じくリンカーンにあるクレイトン＆シャトルワース社も履帯の接合部材を製造していたし、戦時記念品の出版物を出していたラストン＆ホーンズビー社——戦間期にはリンカーンでラストン・プロクター株式会社となった——は、実際に使用されたか判断はできないが、マークⅣ戦車のスポンソンと6ポンド砲の砲架を製造していた可能性がある。

戦車の生産に影響を及ぼす二つの問題が持ち上がった。一つは履帯と接合部品の不足である。戦車と予備部品の需要急増にしたがい、当初の鋳鉄製の履帯では生産が間に合わなかったのだ。そこで落鎚製法が導入された。しかしこの新製法が別の問題を引き起こした。一部の契約企業やその従業員は、この技術を適切に理解していなかったのだ。もう一つの不安要素は武器の供給であった。当初は月産360門という6ポンド砲の生産能力に合わせて量産計画が組まれていたが、そこに新たな兵器生産計画として2ポンド砲が追加された結果、6ポンド砲は月産200門まで低下したのである。おそらくマークⅣ戦車の生産にすぐに影響はしなかったが、後に確実に問題点として浮上した。

戦車の製造ラインは、当時の大型機械製造と同じような考えで、工場フロアに入れられた。まず最初に車体の内部フレームと外部フレームに床材や前面装甲をリベットで鋲接していく。そしてエンジンとトランスミッションを格納した後で、天板をボルト止め（この部材では鋲接より効率がよかった）して、後部パネルをリベットではめこむのだ。この時、車体構造が完成するまでに、フレームなど大型パーツの配列にミスが出ないように、シャフトが一時的に軸の受孔に挿入されていた。

エンジン、フライホイール、クラッチ、ギアボックス、ディファレンシャルなどを作る自動車工場には、これらを収納、配置するためのサブフレームが供給される。このフレームは駆動系の格納に必要な部分だけではなく、前後に延長されていて、前方の操縦席や操作系機器、後方のラジエーターや冷却ファンの収容部も含んでいた。このサブフレームはクレーンで吊り上げられて、上部から車内に置かれて、フレームや装甲板の各所にボルト止めされる。

▼リンカーンのラストン・プロクター社の広報パンフレットに掲載されていたスポンソンの様子。手動では重くて扱いにくいことが分かるだろう。

こうして車体が完成するのである。

マークⅣ戦車の生産は、もう時代遅れだと認識されながらも1918年10月まで続けられた。つまり終戦間際まで生産されていた車両の多くは未使用状態のままスクラップ処分されてしまったのだ。

■派生型
マークⅣ戦車A型

マークⅣ戦車のトランスミッションなど駆動系は、マークⅠ戦車から基本構造が変わっていないため、粗雑な上に人手が必要で、速度も遅かった。ギアチェンジや方向転換のたびに停止する必要があり、どの場合も致命的に速度が遅い欠点があった。ダイムラー製エンジンの出力の小ささと、低速ギアの性能の悪さが原因である。"The Tank in Action"を執筆したG大隊のダグラス・ブラウンは、匿名の悲観主義者が「このトランスミッションは利用可能な馬力の75％を吸収したというのはおそらく誇張であり、いずれにしても動力源は馬力ではなく、エンジンが生み出すトルクに依存するものなのだ」と評価していたことを引用している。

こうした問題点の多くは予想できたので、アルバート・スターンは代替となる駆動システムの開発に着手し、1917年3月にオールドバリーの試験場で各社の競争試作を実施した。この時期はまだマークⅣ戦車の量産前であったため、試験車両のベースとなったのは工場から出荷されたばかりのマークⅡ戦車であった。

この時に提案された代替案の多くは、複雑すぎるか、扱いにくく、戦車の内部容積を取り過ぎてしまうものばかりであった。しかしW.G.ウィルソン社の提案は要求に合致した。駆動力はエンジンからメイン・ギアボックスを経て履帯フレーム内のシンプルな遊星ギアに伝導される。その結果、操縦手一人だけでクラッチおよびブレーキが操作可能なステアリング・システムができあがったのだ。

動力については、ダイムラー製の125馬力のエンジンが検討に上がり、アルバート・スターンは強力なエンジンを新開発するようダイムラーを説得するのに失敗したため、才能あふれる設計者であったハリー・リカードに相談した。いくつかの制約と条件が発生したものの、ハリーはダイムラー製のユニットの代わりにマークⅣ戦車の車内に収まる150馬力の6気筒エンジン開発に成功した。

リカード＝ウィルソン式エンジンに換装したバージョンはマークⅣ戦車A型として計画されたが、性能改善の期待よりも新たなトラブルを招く可能性が懸念されたため、マークⅣ戦車の生産はそのまま継続されて、リカードのエンジンは新型のマークⅤ戦車に使われることとなった。マークⅤ戦車はリカード製エンジン、リグリー製ギアボックスとウィルソン製トランスミッションで一新されることとなる。極少数のマークⅣ戦車がリカード製エンジン搭載のマークⅣ戦車A型に改修されたが、これらはプロトタイプの域は出なかった。

リカードは、マークⅣ戦車のダイムラー製エンジンの代替となるエンジン開発をしたことで知られるわけだが、125馬力のダイムラー製エンジンに換装したところ、既存のトランスミッションでは望むように作動しないことが判明した。戦争終結時にはエンジンはそのままでマークⅣ戦車のトランスミッションをウィルソン製に置き換える計画も動いていたが、戦争終結にともなって破棄された。

マークⅣタッドポール型（車体延長型）

連合軍にはヒンデンブルク線として知られていた、ドイツ軍のジークフリート要塞線が、1916年から翌年にかけての冬期に建設された。これはドイツ軍の最前線の背後の高地帯に沿って構築された要塞線で、ソンムの戦いの戦訓が反映されているのは明らかであった。

この要塞線は、地下の比較的快適な居住空間に詰めている最小限の兵士が充分な防御力を発揮できるように設計されていた。ドイツ軍はこの時、ロシアとの戦いに決着を付けるために東に兵力を動かしており、西部戦線では、フランスからの侵入を断固として拒むという明確な方針のもとで、陣地帯を強化することによって、比較的少ない戦力でも、攻撃側に最大限の損害を与えるとの作戦意志を固めていたのである。

▼1917年3月のオールドバリーにおける試験計画からの引用。W.G.ウィルソン製の遊星歯車式ステアリング機構が採用されたのが分かるが、エンジンはダイムラー製の105hpエンジンである。オールドバリーの試験に合格した「戦車」は、マークⅡとして採用されたが、その機構は戦争末期のマークⅣ戦車にも引き継がれていた。

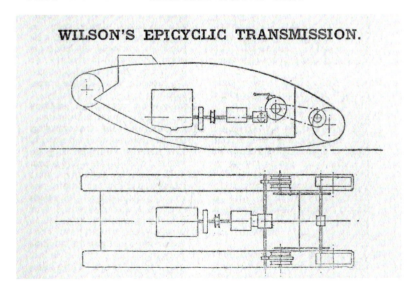

▲リンカーンのフォレスター社工場での撮影。このタッドポール式になったマークⅣ戦車（メス型）の側面には、原型のマークⅣ戦車のアウトラインが描かれている。

　1916年9月に登場した戦車は、野戦陣地の構築方法にも影響を与えた。鹵獲した菱形戦車を研究したドイツ軍では、この戦車の超壕能力を9フィート（約2.7m）と見積もった。これはイギリス軍が戦車開発時に要求した性能と合致するが、ドイツ軍はこれを見て、自軍の主要塹壕の幅を12フィート（約3.6m）以上に拡張することを決めたのである。1917年4月に発生したアラス付近の戦いで、イギリス軍ははじめてヒンデンブルク線に到達したが、陸軍航空隊の航空偵察写真で詳細を詰めたところ、あらゆる基準と照らし合わせても、これが恐るべき陣地隊であることは明らかであった。

　ドイツ軍陣地帯を克服するという目的のために、数多くの解決法が模索された。最初のアイデアは重量1.75トンのファシーン（粗朶のこと：通常のファシーンを75個も束ねた特製ファシーンについて言及する資料もある）であった。1917年11月のカンブレーの戦いに投入された戦車は、それぞれ車体の上部にファシーンを積んで、鎖で結わえていた。ファシーンの大きさは直径が4フィート6インチ（約1.35m）、幅10フィート（約3m）であり、敵の塹壕を埋めるためにファシーンを落として、その上を戦車が進むという狙いであった。しかしこの試みは一度で終わってしまった。というのも、ファシーンで埋めた塹壕は、数両の戦車が通過しただけでめちゃくちゃになり、使用できなくなってしまったからだ。加えて、カンブレーの戦いのあと、さらに幅が広く撮られた塹壕が標準になるとの予測が濃厚になると、ファシーンに頼るのではなく、既存の菱形戦車に改良を加えて、戦車本来の性能で解決する方向に舵が切られたのである。

　塹壕の改良に対抗する戦車のアイデアとして最もよく知られているのが、1917年12月にフォスター社で試作された「タッドポール型」と呼ばれる車体延長型の菱形戦車である。3、6、9フィートと別々の長さの延長規格が提案された。そして9フィート（約2.7m）の車体延長型が望ましいとされ、1918年1月に発注された。タッドポール（おたまじゃくし）という名前から連想できるように、この派生型戦車は車体後部が履帯ごと延長されていて、車体の全長は13フィート8インチ（約4.15m）もあった。この車体の追加延長分は、車体の他の部位と同様に装甲鈑を使ってはいないが、菱形の車体の剛性を維持するために、延長部は桁によって厳重に補強されていた。車体の延長により履帯の履板が左右それぞれで28枚、ローラーも10基（フランジ付き5基と、フランジなし5基）追加された。ドライブ・スプロケットの位置を後ろに下げる必要があったため、コヴェントリー・チェーンの追加用ループが延長部の尾部フレーム内に中間用スプロケットとともに取り付けられていた。中間スプロケットのうち1基は、偏心シャフトに取り付けられて、チェーンの張力調整のために動かすことができた。

　試験では、このタッドポールの延長部分はよく機能して、幅14フィート（約4.2m）の塹壕を、車体を落とすことなく超壕できた。しかし操縦時の車体の剛性が不十分であると判断されて、採用は見送られた。1918年にフランスの中央野戦工廠で撮影されたと推測される写真には、既存戦車をタッドポール型に換装するための履帯パーツがずらりと並んでいる様子が映っているが、これを実戦に投入したという記録は残っていない。このパーツはマークⅤ戦車にも適用できたのだが、剛性不足は変わりがないので採用は見送られ、フランスの中央野戦

▲フォスター社の試験場で、超壕試験を受けているタッドポール型のマークⅣ戦車。

後にロンドン北西部のドリス・ヒルにあった戦争機械部の実験場に移された。一部の写真には補給用のそりを引いて移動中のタッドポール型が映っている。また6インチ迫撃砲が車載状態で使用可能な形式で尾部延伸部に搭載されているのが確認できる。

フランスの中央野戦工廠では、1917年の早い段階で戦車軍団司令部から車体延長型戦車を作成すべしという指示のもとで実施された実験の報告書を残していた。このことから、前線の現場が車体の延伸に関して独自の考えを持っていたことが判明している。この開発任務は第二修理セクションに引き継がれた。彼らはスポンソンの直後でMk.Ⅳ戦車を分割し、長さ6フィート（約1.8m）の胴体部を挿入して、車体の中央部を前後に拡張する方法を選んだ。この試作車はタッドポール型ほど長い車体はとれなかったが、タッドポールのように末端を伸ばすのではなく、車体を拡張したことにより柔軟性をよく残していた。この改造に使用した装甲部材の出所は不明であるが、加工の難しさを考えると、工廠

工廠でも支持者は現れなかった。戦争も終盤に向かうと、主戦場がヒンデンブルク線から離れ、対戦車壕を懸念する戦場が減ったこともあり、タッドポール型戦車の需要は消滅したのであった。

車両番号が未取得のフォスター工場製マークⅣ戦車（オス型）を使ったタッドポール型の試験車両は、

◀タッドポール型菱形戦車の利点として、車体後部のスペースの有効活用がある。実例として、このスペースに6インチ迫撃砲を据えて、車体越しに射撃する方法が考案された。ドリス・ヒルの試験場で撮影。

▼ドリス・ヒルにて補給用の橇を牽引しているタッドポール型のマークⅣ戦車。牽引用のケーブルを巻き込まないように、車体のトップに結束されている。ケーブルは橇の下に渡されていて、摩擦によって所定の位置に留まるようになっている。

◀フランスのエリンに設けられた戦車軍団用の中央野戦工廠、数十両分のタッドポール換装用のパーツがストックされているが、使用はされなかった。

に運ばれた別の戦車の残骸を流用したという、単純な方法ではなさそうだ。この試作車の写真は未発見なので、実際の正確な形状は不明である。しかし中央野戦工廠の記録によれば、改造戦車は超壕性は良くなったものの、ダイムラー製エンジンの出力不足で、操縦ないし「揺動」の改善は見込めないと判断された。そしてこれ以上、このコンセプトで開発が進んだという証拠はない。最終的に、車体延伸型のマークV戦車が開発されてマークV*戦車（マーク・ファイブ・スター）として制式化された。同じコンセプトで開発されたマークⅣタッドポール型は、試作という位置づけにとどめられたのであった。

補給戦車

補給戦車が戦場にはじめて姿を現したのは、1917年5月28日のメシーヌの戦いであった。この戦いは、マークⅣ戦車のデビュー戦でもあった。補給戦車の任務は作戦に投入される5両のマークⅣ戦車に燃料や機械油、弾薬を供給することであった。この補給によって、戦闘に投入された戦車は、わざわざ補給のために後方に退いて、貴重な燃料と走行距離を失わずに前線で戦い続けられるという狙いである。

この時期の補給戦車は、余剰となったマークⅠやマークⅡ戦車を流用したものであった。スポンソンから武器などを撤去してできた空間に補給物資を積載したのである。そして補給戦車がおおむね期待通りに機能したことで、専用の補給戦車と補給戦車部隊の創設が決まった。

後に洗練されたスポーツカーを設計することで知られるウォルター・ベントレーは、戦争中は海軍航空隊の士官であり、飛行隊長のウィルフレッド・ブリッグスと共同で航空エンジンの設計に力を入れて

▼イープルの戦場で撮影された輸送班。労働集約的で、疲弊もしやすい。右には移動不能になったマークⅣ戦車が確認できる。

▲1918年撮影のマークⅣ補給戦車。

▼補給用の戦車は両側のスポンソンに"SUPPLY（補給）"の文字が太字で描かれていた。しかし写真のように"BAGGAGE（荷物）"と描かれた例もあった。

いた。ブリッジスは後に装甲車開発の先駆者として知られるようになる人物である。もともとは民間企業のエンジニアであったベントレーは、内燃機関におけるアルミ製ピストンの開発を得意としていて、メルセデス製エンジンからロールスロイス・イーグルを開発するのに能力を発揮した。彼が戦車に関心を向けた時期には、105馬力のダイムラー・エンジンの改良が急務となっていた。アルバート・スターンは強力なエンジン開発に着手するよう、ダイムラー社を相手に空しい説得を続けていたが、その代替案の一つとして、ベントレーの既存エンジンの改良技術に目が付けられたのであった。そこでベントレーが新しいアルミ製ピストンとゼニス・ツインキャブレターを試したところ、圧縮比が4.2：1から4.75：1まで上昇したのであった。こうしてベントレーは既存エンジンの出力を105馬力から125馬力まで引き上げたが、取り扱いに神経を使う気難しいエンジンであるため、戦闘の中で極度の重圧に晒されている乗員にとっては、ありがたいエンジンではなかった。さらに不運なことに、エンジンの出力が上がったことで、戦闘中、興奮した乗員が繊細な操作を欠くとセカンダリ・ギアボックスに強い力がかかりすぎてしまい、破損して戦闘中に戦車が動かなくなってしまう恐れが生じた。資料によれば、125馬力にチューンナップされたエンジンの数は200基であったという。

この強化版エンジンを搭載したマークⅣ戦車の数は不明であるが、エンジンが起こした問題が特定されていなかった可能性もある。一方、戦争終盤にこのエンジンを使った125両の補給戦車が生産されたことは判明している。補給戦車は制式化されて100両が製造されたが、生産はメトロポリタン鉄道車両会社のオールドバリー工場が請け負った。さらに25両が追加されて、こちらはグラスゴーのウィリアム・ビアドモア社が受注した。これらの補給戦車は、既存の余剰戦車などの流用ではなく、新車として製造されたことが重要である。

補給戦車は箱形で大型化した軟鉄製のスポンソンと、前部車体の上に乗った箱形ハッチで区別された。内部構造やレイアウトに関する資料は残っていないが、積載した補給物資を守るために、エンジンの周囲に金網が設置されたようだ。このような断片的な情報から、ある程度は推測できることもある。まず最初に、車体上部のハッチは操縦手と車長の出入りのためのものであったのだろう。スポンソンの扉に行く経路が塞がれていたからだ。

まだ（ギアを操作する車体後部両側に配置された）操舵手の作業スペースとエンジン始動時の作業スペースも確保しなければならない。したがって、最低でもエンジンの右側の隣接スペースは、シリンダーのプライミングカップに乗員が届くだけの空間が確保されていなければならない。さらに加えるなら、例えば乗員のコミュニケーションを確保するためのスペースも必要となるが、ハードに関する情報がほとんどないので、内部構造の研究は想像の域を出ない。

戦車軍団の第2大隊に所属し、1917年の夏にイープルの戦いで補給戦車を率いて戦ったD.S.フーパー中尉が残した日記をたどってみよう。日記からは、彼の補給戦車がマークⅣベースか、それ以前の車両かの判別はできない。彼が作成したリストによれば、積載している補給物資は6ポンド

砲弾が250発、機銃弾6万発、ガソリン300ガロン、オイル100ガロン、グリース10缶、水126ガロン、糧食40食分とある。彼は戦車を前方に進出させたが、先行する戦車が補給拠点予定地を越えるまでは待機していなければならなかった。しかし作戦は順調には進まず、戦車の大半は動けなくなるか、撃破されて後退を強いられてしまい、敗勢に巻き込まれた結果、無傷で帰還できた補給戦車は2両だけであった。

1917年11月6日、フーパー中尉は大隊の野戦工廠で補給戦車に「保護用のレール」が取り付けられたと記している。おそらく他の戦車の残骸から取り外した部材を、新たに補給戦車に取り付け直したのだろう。カンブレーの戦いがあった1917年11月20日までに、フーパー中尉は所属大隊の偵察中隊付きの将校に昇進したようだ。

補給戦車の武装は車体前部の機関銃1挺だけで、1917年のカンブレーの戦いまではルイス機関銃であったが、1918年に作戦に従事していた車両はオチキス製機関銃を搭載していた。カンブレーの戦いに投入された補給戦車は、マークIV流用型と、旧型戦車の改造車が混在していた。その主任務は前線にいる所属部隊の戦車に消耗品などの物資を送り届けることであった。

カンブレーでの新機軸は、補給用の橇を投入したことである。この戦いの直前、フランスの中央野戦工廠に110基の橇が発注された。工廠の責任者であるブロックバック大佐は金属製部品の複雑な配列に加えて、70トンもの加工済みの木材を用意しなければならないことに不満を抱いた。この橇の設計の詳細は失われているが、失敗に終わったハッシュ作戦のために開発された装具に基づいているようだ。

ひとつの橇で約10トン分の物資を搭載可能であり、戦車1両で最大3個の橇を牽引できた。補給戦車は所定のエリアに橇を切り離して残し、歩兵やすでに前線にいる戦車が必要に応じて橇から物資を持って行くというのが、橇の基本的な運用法であった。補給戦車やその運用に関する記録は極めて乏しいが、一方、戦車の記録は豊富なので、カンブレーの戦いの一日目に多くの戦車が燃料や弾薬不足を訴える記述が多いことから、前線の戦車は単純に補給用の橇の存在を見逃したか、任務が忙しすぎて、停止して物資を積むような余裕がなかったものと想像できる。

もともとは、橇を牽引するのは補給戦車の役割であるという前提で準備が進んでいたはずである。しかし特殊な牽引具を追加された戦車が、補給戦車の代わりに橇を牽引していた証拠も確認できる。このような戦車は、牽引車と呼ばれていた。理想論としては、戦闘用の戦車は補給用橇の牽引などに使われるべきではない。牽引中は柔軟な適応力を発揮できなくなるし、戦場における戦闘力も削がれてしまうからだ。

しかし戦車の潜在的な力が生み出す牽引力の魅力に現場があらがうのは難しい。実際、戦車を牽引で使う場面は世界中で見られる。第一次世界大戦におけるイギリス戦車の問題点は、その形状にあった。戦車の後部に取り付けられた牽引用シャックルは、短い距離で使用するには便利ではあった

▼戦車が補給用の橇を2台牽引している。戦場では、必要であれば、戦車は橇を切り離して残置することもあった。

▲牽引装置と洗練された泥地脱出用角材のレールを備えた例。さらにこの車両は引き上げ用のジブクレーンを備えていた。戦車軍団の工廠で実施された試験の様子。

上部牽引装置を考案した。これは台形の車長用のハッチと天板の平らな部分の間、あるいは車体後部の傾斜した天板に乗ったスパッド格納箱の間に設けられた弾性ブロックに取り付けられたフックで構成される。ブロックの両側に取り付けられた結束ロッドが前に動き、車体両側面のピストルポートとの干渉を避ける。もっともこの場合、ロッドが適切に掛けられると、ピストルポートを覆うフラップが適切に閉じられなくなってしまう。牽引装置に関する他の顕著な特徴は、泥地脱出用角材のレールに特別なセクションが加えられていて、牽引装置との併用が可能になっていたことだ。必要に応じて泥池脱出用角材を使用できるが、戦車が橇を牽引している間は使用できなかった。この配置は、ワイヤーでの牽引に割り当てられた戦車でも、同様の理由で使用されていたらしく、この場合はケーブルで戦車に取り付けられた頑丈な鉤状の爪を使用していた。

1918年2月、5個補給戦車中隊がイギリスで編成されて、初夏までにフランスに派遣された。まず最初に、彼らは特殊な作戦のために編成された戦車旅団に配置されたが、第四補給戦車中隊のW.H.L.ワトソン少佐はマークⅤ戦車のあとにマークⅣ補給戦車が行動を開始する際の問題点につい

▼ロランクールの戦車集積場にて、カメラの手前は補給用戦車。スポンソンは部分的に格納されている。

が、長距離の牽引にはまったく機能しなかった。なぜなら、ケーブルを使って牽引している間に、戦車が旋回したり、大きく揺れたりすると、履帯に不自然な力がかかって、損傷してしまう可能性があったからである。

こうした不具合を避けるために、中央野戦工廠は

て不満を訴えた。彼は攻撃部隊である戦車大隊と補給中隊の間に恒久的な関係を維持するのは困難であると説明したが、これがどの程度役に立ったかは不明である。最新型の戦車の作戦速度に追いつこうと無理をした結果、セカンダリ・ギアボックスの脆弱性が再び問題になったのではとも考えられるが、確証となる記録は残っていない。

当然のことではあるが、補給戦車の有用性はかなり知られるようになってきた。"Tank Corps Book of Honor"には、歩兵や通信兵、電線敷設兵、王立工兵部隊などに物資を運び届ける戦車補給中隊の士官や兵士が歓喜した勇敢な振る舞いについて記載されている。以下は、本来であれば戦車が遭遇すべき事態に巻き込まれた補給戦車に関する記述である。

**ドナルド・フレイザー・クロスビー臨時少尉
第2戦車補給中隊（ミリタリー・クロス受勲）**
1918年11月4日、ランドルシーにおける際だった勇気と機転を称えて

クロスビー少尉はランドルシーの運河の閘門付近に架橋資材を運搬するため戦車3両を指揮していた。鉄道駅に到着すると、少尉は孤立した歩兵が運河の堤防で、敵の機関銃に釘付けにされて身動きができずにいるのに気がついた。すぐさま駅に戻った少尉は、すでに1両の戦車が直撃弾を受けていたので、このまま留まるのでは何も達成できないと判断した。彼は、機関銃と砲弾の雨の中で破壊された戦車から積荷を別の戦車に移すと、2両の補給戦車を率いて敵火線のまっただ中にある閘門付近まで前進した。

この一連の行動で、少尉は敵機関銃を降伏に追い込み、友軍歩兵がサンブル運河の東岸を確保する道を開いた。

この軍事行動は歴史的にはささやかなものに過ぎないが、一般的に第一次世界大戦におけるイギリス軍戦車部隊の最後の戦闘であると見なされている。

▼1919年9月、ドマール付近の残骸の中を誘導されて前進中のマークⅣ補給戦車。車体正面にオチキス機関銃を備えているのに注目。

▲マークI戦車を模した陶器。マークI戦車「Crème De Menthe」の写真が掲載されたデイリー・ミラー紙しか参考にするものがなかった結果、尾輪が単輪となって再現されている。

▲砲弾の弾殻や空薬莢から作られた"ネルソン"と呼ばれる塹壕芸術品。戦車の前にかけられた錫製の飾り板には「14 World War 18」と刻まれている。作製者は兵籍番号96985、戦車軍団のC.G.R.フィッチで、毒ガスの後遺症で1919年に軍役を解かれている。

◀アダムス二等兵が作成した、墜落した飛行機の木材から作られた戦車型貯金箱。

戦車土産 — デヴィッド・ウィリー

　戦車は当初、戦場で期待通りには働けず、兵器として影響力を発揮するまでに1年以上かかっていたが、プロパガンダ用の武器としてはあっという間に成功を掴むのに成功した。1916年9月15日の初陣の数日後には、イギリスの報道機関は新たな「重装甲車」あるいは「戦車」が戦場で使用されたことを報じている。しかし戦車の写真がはじめて掲載されたのは11月22日のデイリー・ミラー紙であった（写真掲載許可のために慈善団体にかなりの寄付をしている）。それまでの間は、イラストレーターやアーティストは、戦車がどのような代物なのか、各々でイメージを膨らませるしかなかった。ところがデイリー・ミラー紙が掲載したC5号車「Crème de Menthe」号が混乱を招いた。このマークI戦車は9月15日に作戦行動に移る前に、尾輪が1つ吹き飛ばされていたからだ。しかし記念品を作成するメーカーは、この写真で作業を始めなければならず、記念品の陶器製戦車は尾輪が1つだけの姿で再現されてしまった。

　国民の間での戦車の人気にもかかわらず（1917年1月のアンクレの戦いとそれに続く戦車の進撃の映像は数百万人が目にしていた）、数多くの記念品や土産の戦車は、本物とは似ても似つかない姿になった。戦車はイギリス製の新兵器であり（戦時中に開発された毒ガスや飛行船などの新兵器の多くはドイツが開発したものばかりであった）、一

◀はじめてイギリス国民が戦車の存在を知ったきっかけとなったデイリー・ミラー紙の写真。このマークI戦車「Crème de Menthe」号の掲載と引き換えに、チャリティーに1000ポンドの寄付をすることが同紙への条件であった。

▲カールトン製のマークⅣ型陶器。側面には「戦時国債を買おう／戦車銀行／1916年9月、カンブレーにてイギリス戦車はドイツ軍を打ち負かした」と書かれている。

▲鋳鉄製の貯金箱、あるいは"戦車銀行"か。119号車の「オールド・ビル」号は、1918年に戦時国債の広報のためにイギリス中をキャンペーンで回った車両。

目で分かる特徴的な菱形をしている。それだけに戦車は再現しやすいはずだ。バーバラ・ジョーンズやビル・ハウエルは彼らの著書である"Popular Arts of the First World War (Studio Vista,1972)"の中で、手作りの土産物や、紋章入り陶磁器において「戦争を題材とした表現としては、他の武器を押さえて戦車が最も多い」と記述している。

紋章入りの陶磁器や、おもちゃ、インク入れ、タバコ入れや宝石箱、ティーポット、ホイッスルやライターは、すべて戦車の外見に倣って作られていた。戦時国債販売チームはモニュメントとして鋳鉄性の戦車を携えて国中をまわったが、その中には小銭を投入できるようになっていた。

塹壕芸術（Trench Art）——すなわち戦場の残骸や兵士が残した備品——においても、戦車のポートレイトはかなりのボリュームを占めていた。奇妙な履帯の再現については、様々な方法でのアプローチが見られた。ある天才は、射撃済みの砲弾のブラス（黄銅）製ドライブバンドから履帯の規則的なパターンを再現してみせた。また美しく精密な戦車の模型を作った兵士もいた。おそらく彼らは実際の戦車に触れられる立場であったのだろう。ボーヴィントン戦車博物館ではこうした戦車を模した記念品や塹壕芸術の実物を見られるだけでなく、一部のレプリカを購入することができる。

◀ブリストルで戦時国債購入キャンペーンに使われた「戦車週刊」と書かれたラベル。

▼「戦車銀行」の紙製ナプキン。

【第2章】
戦車の構造

戦車は、誕生したときから複雑を極めた兵器であった。製造方法と手順は、機械の組み立てという観点だけで見れば、決して難しいものではないが、それをまとめて完成形にするのが複雑で困難なのである。特に戦車の場合、履帯の設計に前例がない。戦車は到底通行など不可能と思われる戦場に突っ込んでいかなければならない。これを可能にするための機械的な構造の設計に、開発者は極限の苦労を強いられたのであった。

◀車内、乗員区画からのダイムラー・エンジン。

戦車の概要

　真横から見ると、戦車は長菱形であり、概ね前方から後方に向かって低くなるように傾斜している。そして履帯の配置が基本的な設計を縛っている。車体は鋼鈑製の外板で組み立てられ、当時の標準的なリベットでつなぎ止められていた。車体前部に配置された操縦席（キャブ）は、少し持ち上がった位置にあって、そこに操縦手と車長が座っていた。彼らは進行方向の様子をヒンジ止めされたフラップから確認できるようになっていて、作戦中はフラップを下げることもできた。

　主な武装は、車体の両側の中央部に据えられたスポンソン砲塔内に格納されていた。オス型戦車のスポンソンは大型で、口径57mmの6ポンド砲を搭載した。一方、メス型の主武装は機関銃であったが、その分、スポンソンはかなり小型であった。どちらのスポンソンにも2名が部署されていた。

　戦車内を見ると、ほぼ中央にダイムラー製6気筒エンジンが置かれていて、プライマリ・ギアボックスからディファレンシャルを介して各側面のフレーム内に納められたセカンダリ・ギアボックスを駆動した。このギアボックスにもギア操作員（海軍兵器の名残から操舵手と呼ぶ）が配備されているので、全体で8人の乗員が搭乗している。セカンダリ・ギアボックスのフレームにはループ状のチェーンが繋がれ、車体後方のドライブ・スプロケット（起動輪）の歯と連結している。ドライブ・スプロケットの別の外側の歯は履帯を構成する履板の裏面の突起と噛み合っているので、チェーンの回転と連動して、履帯が駆動する。この結果、履帯は履帯フレームの外側を常時回転する形となり、これが戦車の駆動力に変換されて、優れた不整地走破性能が発生するのである。そして車体後方下部には70ガロン相当のガソリンタンクが据えられていた。

車体

　車体の両側面の履帯フレームが、戦車で最も目を引く部分であろう。この部分が戦車の重量をすべて支え、構造的強度を与えている。フレームの幅はそれぞれ22インチで内部および外部で異なる構造になっている。内部は、十字型の内部補強材で強化されており、外板は、主梁にリベット止めされた鋼鈑で構成されていた。

　履帯フレームの間に挟まれた車体部は、リアパネル、天板、操縦席、くさび状先端部、床底板によって構成される。これらもリベット止めされているが、エンジンの修理や交換の都合から、天板だけは着脱可能なボルト止めになっていた。リア部は大きめの開口部とベンチレーターが、複数の大型パネルが組まれた天板にはエンジン用の排気口や乗員用の上部ハッチがそれぞれ設けられていた。天板の前部はそのまま操縦席を覆い、ヒンジで止められたパネルを持ち上げれば、操縦席の前方が視認できるようになっていた。操縦席の下部にあたる車体部分は上下2枚の装甲板が突出したくさび形になるように組まれていて、操縦席の乗員が足を投げ出すスペースを作っていた。床底板は複数のパネル材で組まれていて、露出も少ないことから装甲はもっとも薄くなっている。

　車体両側面に目立つスポンソン砲塔には武器が搭載されるが、57mm砲を搭載するオス型のスポンソンは機関銃搭載のメス型より大型であった。スポンソンもリベット止めされた鋼板で作られるが、鉄道輸送を考慮して車内に折りたたんで格納できるようになっていた。

ダイムラー105馬力エンジン

　ダイムラー社はドイツの会社として有名なので、マークIV戦車のエンジンがダイムラー製と聞くと多くの人が驚く。実際は、この会社はドイツのそれからは独立した企業であり、ダイムラー社のパテントを有する企業として1891年にイギリスに設立され、1896年にはコベントリーにダイムラー・モーター・カンパニー工場として発足したイギリス企業なのである。この創業の動きは、エンジニアのフレデリック・R.シムズが主導した。彼の名は自動車部品に関連して今でも知られているが、そのシムズが実業家のハリー.J.ローソンと協力関係になったことから、この不安定な事業はスタートした。ローソンはかつて自動車に関する特許を買収して、「グレート・ホースレス・キャリッジ・カンパニー」を興したが、間もなく事業に失敗していた。彼はモーター・ミルズという名前の建物を購入していたが、そこにはダイムラー社の工場が入居していた。ローソンはダイムラーともシムズとも近しい関係ではあったが、その未来が安泰というわけではなかった。

　幸い、同社は質の良い投資家の支援を受けつつも、事業を慎重に管理されるなかで、アメリカ人のチャールズ・イェール・ナイトが開発したスリーブ・バルブ式のナイト・エンジンを1906年に導入することができた。ウィスコンシン生まれのチャールズ・ナイトは決して熟練のエンジニアではなかった。しかし彼は騒音がひどいポペット弁に替えて、スリー

ブ・バルブを使った低騒音のエンジンを開発すると決意して取り組み、見事に実用化に成功、サイレント・ナイト・エンジンとして販売にこぎ着けたのであった。

1907年にイギリスにやってきたナイトのエンジンを見たダイムラーのスタッフは、このエンジンに感銘を受けつつ、エンジニアリングの観点ではまだ改良の余地があると感じていた。1908年までは、ダイムラーを含むイギリスの自動車関連企業は、自分たちのエンジンに誇りを持っていた。しかしナイト・エンジンによってダイムラーのポペット式エンジンの生産は、一夜にして終了に追い込まれたとまで言われている。この時までは、ダイムラーは商業的な規模と生産力は限られているものの、第一に高品質の自動車メーカーとして知られ、また経営陣の熱意も強かった。当初は試作車や実験的な車両の組み立てから事業を興したが、やがて従来型の貨物車やバスの開発事業を軌道に乗せつつ、戦争の脅威が近づくにつれて大幅に生産規模を拡大していたのであった。

事業拡大を続けるダイムラー社は、農業用機械の市場に強い関心を持っていた。しかし、このジャンルでは蒸気機関がいまだ支配的であり、内燃機関を動力とした農業用機械への転換は始まったばかりで、ようやく新進気鋭のウィリアム・トリットンが主導するリンカーンのウィリアム・フォスター社が市場を拡張しつつあるという状況であった。フォスター社と提携して設計されたダイムラー社の最初の農業用トラクターは、まるで子供が設計した蒸気エンジン式のように見える、ぎこちないものであった。しかし戦争の直前にトリットンが南米を訪問して、かなりの数の内燃機関式のトラクターを受注したことで、状況は大きく変わった。それまでは、南米の大草原地帯のパンパでは、石炭や木炭は入手が困難であったため、イギリスの企業ではこの地域向けに牧草を燃焼させるタイプのエンジンを提案してい

▼フォスター社が1913年に製造したセンチピード・トラクター。今日的な分類ではハーフトラックとなるが、トリットンが利点として想定していた履帯部分は、トラブル続きであった。

菱形戦車マークIV
(Ian Moores/www.ianmooresgraphics.com)

1 履帯張度調整装置
2 車長用シート
3 ダイムラー製105hpエンジン
4 オス型用左舷スポンソン
5 左舷6ポンド砲
6 ルイス機関銃
7 エンジン始動ハンドル
8 左舷セカンドギア
9 ディファレンシャル・ハウジング
10 左舷ドライブ・スプロケット
11 収納トレイ
12 後部ハッチおよび視察孔
13 排気マフラー
14 排気管
15 弾薬庫
16 泥地脱出用角材レール
17 操縦手用視察孔
18 前部ルイス機関銃
19 ステアリング・ブレーキレバー
20 牽引用ブラケット
21 左舷駆動チェーン
22 操縦手用シート
23 ペリスコープ開口部カバー
24 クラッチレバー
25 ピストルポート
26 始動クランク挿入部
27 視察スリット
28 床板
29 オス型用右舷スポンソン
30 排気管

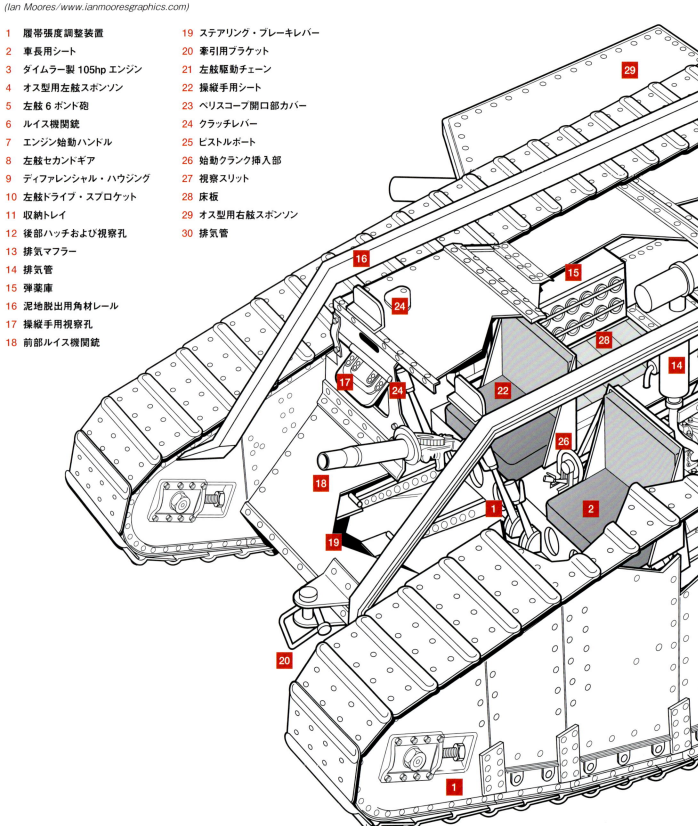

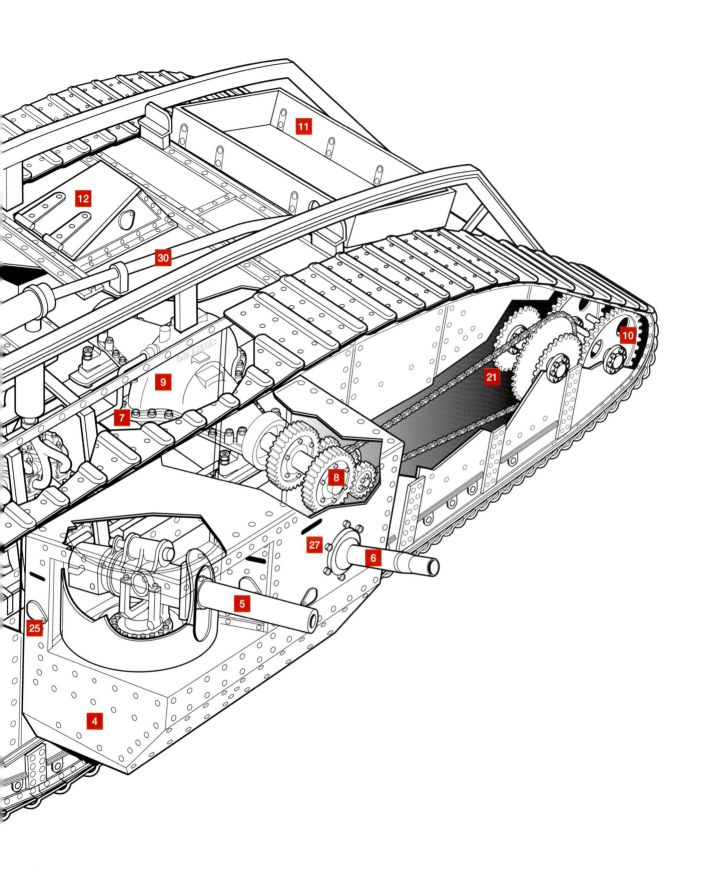

た。ところが、このエンジンは燃費が極めて劣悪だったので、こうした環境の条件を考慮すると、液体燃料を使うエンジンは理想的な解決法であったのだ。

そこでダイムラーとフォスターは輸出用トラクターのラインナップについて協力関係を作ったが、その中で最大のトラクターが、スリーブ・バルブ式の105馬力のエンジンを搭載したものであった。1913年にフォスターがパラグアイ市場向けに製造したセントピードというトラクターは、足回りに無限軌道を採用していた。しかし試験で実際にセントピードが駆動するのを見たウィリアム・トリットンは、一端、彼の選択肢から無限軌道というアイデアを消し去ってしまうような代物であった。

105馬力エンジンはフォスターが海軍省に提案したフォスター＝ダイムラー・トラクターで知られる大型転輪式トラクターに組み入れられた。見た目は蒸気式エンジンを使った車両に似ていたが、火室とボイラーは撤去されていた。代わりに円錐クラッチのギアボックス（前進2段、後退1段）を介して車体後部のウォーム駆動ディファレンシャルに動力を伝える構造になっていた。フォスター社ではダイムラー式セットと呼んでいたこの組み合わせは、マークⅣ戦車を含むイギリスの菱形戦車の動力のひな形となった。エンジンの回転数は、今日の基準ではかなり低い1000rpmに制御されていて、後方から見ると時計回りに回転していた。

当時は大型のダイムラー・エンジンは珍しかった。この時代の内燃機関の大半はパラフィンないし重油を使用していた。しかしダイムラーの高度な技術とナイト式のダブル・スリーブ・バルブの組み合わせは、信頼性と静粛性を併せ持っていた。縦横150㎜の6個のシリンダーによって13リッターの排気量を生み出したこのエンジンは、シリンダーの形状から方形エンジンとも呼ばれてた。シリンダーヘッドは鋳鉄製であったが、エンジンブロックとオイル受けのサンプはアルミニウム製であった。ナイト式のスリーブ・バルブシステムはピストンとシリンダー・ライナーの間で2つの同心スリーブを採用し、シリンダーが垂直にピストン運動しながら吸気口と排気口の開閉がなされる仕組みであった。スリーブはクランクシャフトからの動力を受けたハーフシャフトによって駆動されるが、これは従来のカムシャフトとほぼ同じよう

▼フォスター＝ダイムラー・トラクター、巨大な燃料タンクとその下のエンジンが確認できる。油だめ用の貯油タンクがシャシーの下に吊られている。

に機能した。スリーブ・バルブの利点は、必要な調整が従来より少なくて済み、バルブポートにおけるカーボンの蓄積が少なく、従来型のポペット式エンジンより静粛性に優れていたことにある。また低回転で最大のトルクを生み出すのも大型エンジンの利点とみなされた。反面、大きな欠点として、スリーブの方形加工が困難であったが、ダイムラーが方形を維持したまま地金の穿孔を拡張していく製造技術を確立したことで解決を見た。エンジンの入り口の側、つまり前方を向けた状態の右側面にはエンジンガバナーに連結されたゼニス製48㎜キャブレターと、KW型発電機が連結されていた。

　エンジンの上部と後方に置かれたオイルタンクは、コネクティング・ロッドの下にある、オイル受け内の一連のトラフを充填するために、ポンプでオイルを供給した。これらはエンジンの作動中、回転するたびにオイルに浸され、そのオイルを飛散させて、他の作動中の部品を潤滑した。オイル受けにしたたり落ちたオイルは、別のポンプで吸い上げられて、オイルタンクに戻される。このような構造のため、戦車の乗員はエンジンが稼働している際には、オイルタンクに最大の注意を払うよう訓練された。そうしないと、オイル受けのポンプの作用で、オイルタンクにオイルがたまりすぎて、あふれてしまう恐れがあるからだ。ポンプには、エンジンの他の各所にオイルを供給するための配管が追加されていた。発電機やガバナーのような、小型の装置への給油はいっそう注意を払わねばならないため、別の乗組員の仕事とされた。

　エンジンは水冷式、シリンダーは2個1組でウォータージャケットに格納されていた。冷却水は、エンジンの排気口側に付けられたインペラで循環させられる。おそらくリンカーンのフォスターで試作製造された初期のマークⅣ戦車の一部は、マークⅠ戦車やそれより初期の車両で確認できる箱形の大型ラジエーターを装着していたようだが、まもなくマークⅣ戦車のみは、ごく一般的な、小型でスリムな水管式ラジエーターに変更された。エンジンの専門知識を持っているなら、この二つは背面の外見の違いで識別できるだろう。両者は給水と排水の配置が異なっているからだ。とはいえ、旧式ラジエーターは、戦車の稼働中に新型に換装されているた

▼ダイムラーの車内配置、エンジン、ギアボックス、ディファレンシャルがサブフレームに組み込まれていて、このまま戦車の車内に挿入された。後部に積まれているのは水管式ラジエーターである。

▲グラスゴーのビアドモア工場で組み立て中の戦車の写真からは、車体後部に水管式ラジエーターが積まれている様子を確認できる。

め、識別するには注意深い観察眼が必要であり、結果として、元のレイアウトへの変更点を識別するのは容易ではない。

　ところがフランスの中央野戦工廠では、どちらの設計案にも不満があった。オリジナルの密閉式ラジエーターは、銅板製の40枚もの大型エンベロープが入れられた長方形の大型の格納箱を備えていた。これらは互いにアルミ製のリングで結合されていて、その間にゴム製のワッシャーが噛まれ、上部から注がれた熱水が、各種エンベロープの間をしたたり落ちる仕組みであった。エンジンから伸びた革製ベルトによって駆動する、ラジエーターに沿って設けられたケーシング内の大型ファンは、エンベロープ内に冷却空気を送風して水冷を補助する。そして下部まで落ちきった冷却水は、循環パイプによってエンジンに戻されて、またエンジン温度を一定に保つ用途に使われるのである。中央工廠では、この銅製エンベロープが時間経過による劣化でバルジと呼ばれる膨らみを形成してしまい、空気の流れを狭めてしまうので、交換の必要があることに気付いた。ここで中央工廠が残した資料では、1918年12月31日に彼らが97両のエンベロープを交換したことになっている。これは、当時、まだ初期型のエンジンを搭載していた車両が相当数残っていたことを示唆している。

　水管式ラジエーターへの変更は、性能を向上させるだけでなく、機械的なトラブルを減らすという目的を叶えるものと大いに期待されたであろう。しかし、この点でも中央工廠は失望することになった。例えば、冷却水の漏出はもう風土病のようにつきまとっていたが、中央工廠の調査によって、ラジエーターに冷却水を供給する垂直管が上下のプレートにゴムリング式の取り付けで接合されていることが判明した。ゴムリングはある程度の膨張を許容するので、都合が良い部材ではあるが、肝心のゴムの品質が悪いためにリングが破損して液漏れを起こすのだ。一連の実験による原因究明ののち、中央工廠ではゴムの替わりに鉛とコルクを使用して解決した。この欠陥が明らかになったのち、フランスにいるエンジニアは本国の担当部署にラジエーターの組み立ての方法を変更するよう要望を出した。しかし中央工廠を担当するブロックバンク中佐（DSO）は、戦後にとりまとめた報告書において、イギリスからもたらされた新しいラジエーターは、欠陥品として交換されるべきゴムリングを使用していたことを書き記している。

　ちなみに、ラジエーターから吹き込まれる冷却風は、戦車の内部の空気を使っていた。理論的には、これで乗員区画は有害な排気から解放され、温度が上昇することもないはずであった。しかし事実は、ダイムラー・エンジンは両方を損ねていた。そしてルイス機関銃周辺の空気の流れを逆流させてしまい、機関銃手の顔に発砲煙が吹きかかり、射撃が難しくなってしまったのだ。

　当時は、我々が使用しているような不凍液の存在は知られていなかったが、冷却液に混入されているグリセリンの効果で、冬でも冷却液の凍結が避けられることは知られていた。しかし中央工廠の全関係者が、この仕組みを嫌っていた。というのも、この不凍液まがいの水が、冷却装置の中で水管やゴム製のジョイントを破損させてしまうからだ。彼らは冷却装置から夜は水を抜いてしまうように提唱したが、それは彼らにゆだねられるような作業ではなかった。ラジエーターそのものは問題ではなく、ベース付近のタップも完全に水は抜けたが、シリンダーヘッドをはじめ、他の部分で困難を生じたのであった。これらは完全に水抜きされなければならなかった。そうでなければ、凍結は深刻であった。最終的に、戦車の乗員には真鍮製のボルトを取り外した後に、シリンダーヘッドのジャケットから残留水を除去するために使用するシリンジが配布された。整備マニュアルには、このような作業をしても水が残っていれば、ファンベルトを外して、2～3時間おきに最大20分間エンジンを動かすように求めていたのであった。

ギアとギアボックス

　エンジンから発した、クランクシャフトの駆動力は、円錐クラッチのメス型部分と表現される部分を構成する、巨大なフライホイールに伝導された。このホイールはエンジンが稼働している間は常に回転しているが、前進や後退の動きには繋がっていない。この駆動力は円錐クラッチのオス型の部分が担うので、クラッチペダルとレバーの動作によって前方にスライドし、メス型部分に接合するようになっていた。

　今日のそれとは異なり、操縦手の右脚で操作する方式のクラッチペダルは、右手で操作するクラッチレバーと連動していた。クラッチ操作にはかなりの力を必要としたので、絶え間なく移動と停止を繰り返しているとしても、走行距離が長い方が操縦手は脚を休ませることができた。

　円錐クラッチのメス型部分は、リベット止めされたフェロード社製の耐熱素材で表面処理されていた。クラッチが噛合するとかなりの熱が発生するので、耐熱ライニングがこれを抑制した。クラッチが解放されるとオス型部分が引き抜かれて、同じくフェロード製のクラッチストップと接触することで、ファイナルドライブでギアを減速させるブレーキのように機能する。そうでなければ、ギアの変更は不可能であった。

　メイン・ギアボックスは車体後方、エンジンの背後に置かれていて、ディファレンシャル・ケーシングの低速セクションに直接繋がっていた。これは操縦手の左側にある開閉レバーによって作動した。レバーはプッシュロッドを介してギアボックスに接続されていた。

　ギアボックスは前進2段、後退1段で、ギア比はそれぞれ前進が1：1、1：1.75、後退が1：1.4となっていた。エンジンから供給されるトルクを登

▲2324号車のレストア作業中に撮影したギアボックス、クラッチ、ディファレンシャル。

◀◀ワイリーにて登攀試験に挑むF4号車「Flirt Ⅱ」。このような時では、屋根の上に収納している各種の装備品が落ちないようにしておくことが望ましい。

◀塹壕を乗り越えんとするF4号車「Flirt Ⅱ」の一枚。当然ながら、このような操縦には常に慎重な操作が求められた。操縦訓練中の戦車兵は、落下が操縦の中でもっとも恐ろしいと思い知るのである。

撃力に変換するには不足気味だが、セカンダリ・ギアと併用すれば充分な力が得られた。当時の典型的な重量級車両のギアは正方形にカットされていたので、古くから実践されていた二重クラッチ解除を駆使しても、移動中のギアチェンジは実質的に不可能であった。

ギアボックスのすぐ背後では、車体後部のほとんどを占める巨大なケーシングの中にディファレンシャルが置かれていて、ギアボックスと連結されていた。大直径の銅製ウォームホイールと噛合した鋼鉄製ホイールで末端結節されたギアボックスの駆動により、従来の車両であれば後部車軸を構成する一対のハーフシャフトに差動動作を与えるベベルギアをアクティブにする。マークIV戦車におけるディファレンシャルは、当時の内燃機関駆動の車両とほぼ共通で、車両を左右に旋回できるように両側に駆動装置を分離する役割を果たしていた。もしこれがなければ、車両は直線にしか走行できなくなる。

もちろん、差動動作が望ましくない場面もあった——即座にセカンダリ・ギアに切り替えての操縦——ので、操縦手は必要があれば、左肩の上付近、車内の屋根部分に取り付けられたレバーを引いて、ディファレンシャルをロックできた。上り下りに関係なく急斜面の走行時や、泥地脱出用角材の使用時には、操縦手はディファレンシャルをロックするように訓練されていた。

ここまで説明した動作は、すべて潤滑油を必要とする。もちろんクラッチの操作には細心の注意が必要であった。ギアの円錐部の潤滑剤が、場合によってはクラッチを作動不能にしてしまうからだ。ギアボックス自体は、ディファレンシャル・ケース内にある程度のオイルを入れる必要があったが、そのおかげである程度はギア用の潤滑油を含んでいて、メインのウォームホイールが走っていたホワイトメタル製のベアリングは、ディファレンシャル・ケースの小型容器から供給されるオイルによって潤滑されていた。

ディファレンシャルからの駆動力と、そこから導かれる2本のハーフシャフトは、戦車の両側の履帯フレームにある2段変速のセカンダリ・ギアに伝達された。フレーム内に設置されたレバーは、セカンダリ・ギアを操作する操舵手が、操縦手の指示によって変速操作をすることになっていた。駆動系はトグル構成になっていたので、両方のギアが同時に噛合しないようになっていた。しかし、このような機構が採用されていたにもかかわらず、履帯への駆動力が失われて、戦車が動きを止めてしまうことがあった。こうなると、戦車をプライマリ・ギアボックスだけで操作するのは不可能である。28トン戦車の操作に一層の柔軟性を加えるために、駆動系にはセカンダリ・ギアが搭載されていた。プライマリとセカンダリの理想的な組み合わせを選択することにより、操縦手には前進4段、後退2段の速度の選択肢が与えられることと、戦車の進行方向の地面の状態に合わせて、理想的なギアの組み合わせを選択できたのである。

これらセカンダリ・ギアは、様々な場面で説明されているように、戦車を操縦するという役割を果た

▶車体右側に据えられたセカンダリ・ギア用のレバー。プライマリ・ギアボックスは右側の木製プラットホームの下に格納されている。また注目して欲しいのが、ダイムラー・エンジンに覆いがされていて、乗員を保護するようになっていることだ。側面の膨らみは、エンジンガバナーの覆いである。

▲招待客の目前で超壕能力を披露する訓練用のマークⅣ戦車。操縦手は塹壕に直角に進入して、直進を維持しなければならなかった。

し、また履帯に制動をかけるために作動することもあった。だから履帯がギアから外れていると、ブレーキは役に立たなかった。操縦手用のハンドブックは、これらの──操縦席の左側にあるレバーで作動する──ブレーキについては、両側のブレーキドラムが作動するフェロード製のハンドブレーキであると説明している。ブレーキの機能は操縦と不可分である、したがって、ハンドブックには摩耗が早い部品であることから一定の調整を要するとの警告がある。戦車博物館のマークⅣ戦車を操縦すれば、これらの著者は、この警告が実質的に役に立たなくなっていることに気付いただろう。

◀操縦手は塹壕に斜めに侵入することがないよう指導されていた。教えを守らないと、写真のような結果となる。

▲輸送されてきた燃料が、3トントラックから降ろされている場面。戦車の燃料タンクには、この缶から直接燃料が注がれる。また戦車内はもちろん、屋根の上などにもこの燃料缶が積載された。写真の大半はマークⅣ戦車であるが、手前のスポンソンを撤去している車両はマークⅠ戦車である。

▶マークⅣ戦車の燃料タンクは、車体後部の車外に設置されていた。容量は70ガロンで、良好な条件なら35マイルの走行ができた。

▶▶燃料タンクの給油口は上面中央にある。写真では失われているが、本来は装甲蓋で隠されている。

燃料と燃料補給

　1916年から翌年にかけて戦車に供給された燃料は、おそらく最低品質であると推定される。当時取引されていた燃料は、約45オクタン価で米海軍ガソリンとして言及されている。イギリス軍においては、高品質燃料は航空機用、中品質は将校用のスタッフカーや輸送車など、そして低品質の燃料はトラクターや大型輸送車、戦車に適していると見なされていた。低速で鈍重に動作するこれらの機械は、低品質燃料でも充分だと見なされたのだ。旧型のダイムラー・エンジンにおいて燃料品質がどう影響したかを明言するのは難しい。しかし、サー・ロバート・ウォーレイ・コーエンの助力を得ていたハリー・リカードと彼のスタッフは、ガソリンの品質に注目していた。リカードは、新型の150馬力のエンジンのためには、高品質の燃料が供給されるよう切望していた。

　マークⅣ戦車はリアの履帯フレームの間に容量70ガロンの燃料タンクを据えていた。このタンクは菱形の車体に合わせて後方に向かって絞られた形になっていて、ボックス状の装甲板で保護されていた。理屈の上では、この燃料タンクなら再補給までに35マイルを走行できたが、そのためには乗員が一糸乱れぬ統率で全神経を戦車の操縦に費やす必要があっただろう。燃料に含まれる不純物は、外部からの汚染のリスクと同様に、燃料供給機構に不具合をもたらし、戦車の行動を不能にする可能性があ

る。マークⅣ戦車の駆動系について、その操作とメンテナンスに関する公式の刊行物では、戦車を清潔に保つことに繰り返し忠告し、故障を避けたければ、毎日、すべてのフィルターと排水、排油に注意を払うように、乗員に求めている。

また、新型の燃料タンクは気化器より低い位置にあったので、燃料供給には加圧が必要であった。初期の菱形戦車は、燃料タンクの容量は50ガロンで、車体前面側の上部に設置された2つの25ガロンのタンクから重力によって燃料が気化器に供給されていた。しかしこれは火災時のリスクが大きく、また戦車の航続距離を伸ばすには容量を増やす必要があった。そこでマークⅣ戦車からは70ガロンの燃料タンクとなり、設置位置も変更されたのである。まず最初の変更点が、空気圧縮装置の設置である。エンジン始動時に燃料供給に必要な空気圧を得るために、操縦手は左足の側の、座席の支持架に据え付けられたハンドポンプを操作しなければならなかった。まずこのポンプを旋回させてから、操縦手はポンプを左手側に振って作動可能状態に切り替え、接続された圧力解放コックを閉じて、附属の圧力ゲージが2ポンドを指すまでポンプを操作しなければならなかった。それから操縦手はポンプを右に移して空気システムを密閉し空気漏れを防ぐ。これが一度機能したら、操縦手は燃料停止コックを作動させたのである。

ひとたびエンジンが始動すれば、空気圧はエンジンの誘導側（右側）、第2シリンダーの下に配置されている機械式ポンプによって維持された。ポンプで送られた空気は、車内の天井沿いの配管を通じて燃料タンクに送られる。これとは別の配管が燃料タンクと気化器を連結している。空気圧は常時、燃料を押し込むようにタンクの上から加わっているので、燃料は気化器に向かって押し出されるのである。

最大の問題は空気圧の維持であった。空気漏れは配管やジョイントのひびだけでなく、燃料タンクそのものから発生しうるが、これが起こってしまうと、燃料系全体が停止してしまうのである。その結果、オートバック（Autovac）として知られる、より信頼性が高い仕組みが導入された。その名前のとおり、これは真空状態を作り出すことで燃料移動を促す装置であり、当時、この仕組みを自動車用に販売していたストックポートのオートバック・マニュファクチュアリング社の製品であった。

マークⅣ戦車においては、オートバックは天井付近に設置されて、キャブレターとエンジン駆動の圧縮空気ポンプに接続された。この装置の導入で、操縦席付近のハンドポンプは撤去された。オー

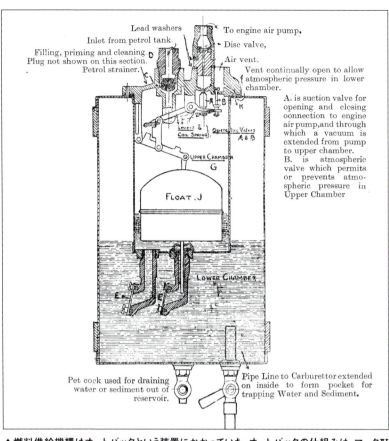

▲燃料供給機構はオートバックという装置にかかっていた。オートバックの仕組みは、マークⅣ戦車兵用ハンドブックに詳しく記載されていた

▼キャンベラにあるオーストラリア戦争記念博物館所蔵のマークⅣ戦車メス型「Grit」。オートバックが残っている唯一の車両である。

トバックの下半部には燃料が貯留されていて、その上にフロートが吊られていた。空気ポンプが作動すると、オートバックの上部チャンバー内の空気圧が低くなる。この真空状態を埋め合わせるために、メインの燃料タンクから燃料が吸い上げられるのである。その結果、フロートの位置が上昇して吸入弁が閉じられると同時に気圧式バルブが開く。これに連動して、燃料タンクからの燃料供給が遮断されると同時に、オートバック内に保持された燃料から、必要な分が気化器に送られるのである。この動作は連続的に繰り返された。

もっとも、当時の他の燃料システムと同様に、オートバックも燃料や空気の汚れや空気漏れの影響に弱く、操作ハンドブックには対応策も設けられていたが、それでも第一次世界大戦の終わりまで、マークIV戦車以降のイギリス戦車はすべてこの装置を採用していたので、有効性は認められていたのだろう。

履帯、スパッド、泥地脱出用角材

イギリス戦車の起源を研究したいていの人間は、設計の最終的な成功への決め手が無限軌道の仕組みと履帯であったという評価には異論はないだろう。サー・アルバート・スターンも同じように考えていた。1919年の著作"Log-Book of a Pioneer"にて、彼は1915年9月22日に彼のデスクの上に置かれていた有名なテレグラムの中身を引用している。《バラタは昨日の朝にテストベンチで死亡した。トリットンによってプレスド・プレートから新型が到着した。重量は軽いのに、非常に強い。すべては順調であり、感謝する。誇るべき両親》

スターンは「これが戦車の誕生である」と言っている。実際、彼は正しい。サー・ウィリアム・トリットンが設計した新しい装軌式の操向手段が、1915年末にはじめてリトル・ウィリーに導入されたことは、イギリス戦車にとって実質的に理想の構造であった。このことは、彼の同僚のウォルター・ウィルソンに第一次世界大戦におけるイギリス軍戦車の特徴となる、全周履帯の採用に踏み切らせる自由を与えることになった。

履板は6mm厚の装甲鋼板で形成されていて、横幅は20.5インチ（51.25cm）、奥行きは7.5インチ（19cm）である。基本は平面形であるが、片端が突起状になっていて、走行時に地面をグリップするようになっていた。（装甲厚の数値にメートル法を使い、部品のサイズにはインチ・ヤード法を使うのは、第一次世界大戦の戦車に関しては通例になっていた）。それぞれの履板には接合用の2つの履板リンクが取り付けられた。最初はリベット止めで、後に溶接に変更されて、様々な機能を果たしていた。まず第一に、この履板リンクは隣接する別の履板の履板リンクに対して、1インチ（2.5cm）のピンをヒンジに使って結合されていた。第二に、履板リンクの滑らかに成形された内側の面が、履帯の経路を整えていた。第三に、履板リンクから極端に張り出した外縁部が、履帯フレームのレールと噛合することでフレームからの落下や脱落を防ぎ、走行中の戦車から履帯が外れる危険性を軽減した。最後に、各接合部品の平坦な面の間に見られる隙間がスプロケットの個々の歯に噛み合うソケットとして作用し、履帯に回転力を与えて戦車の車体自身が推進したのである。公式の乗員用ハンドブックは、この隙間の部分に泥が付着していないか常に確認するように指導している。もし詰まった泥が固まってしまうと、履帯がスプロケットの歯に噛み合わないまま車体が上に乗ってしまい、破損したり、脱落してしまう可能性があった。

戦車、あるいは他の装軌式車両と、オートバイや自走車、バスなどの装輪車両とでは、走行特性に見た目だけでは分からない違いがあった。装輪車両は、タイヤや車輪と地面の直接的な相互作用によっ

▼履板の青図面。リベットのパターンと、縁の盛り上がりの様子が分かる。

▼▼履帯の接合部品を示す青図面。履板の内面を合わせた形でリベット止めされていた。

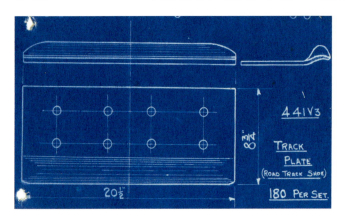

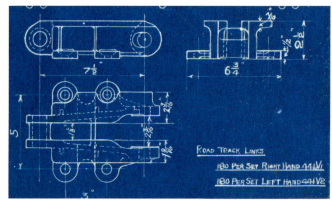

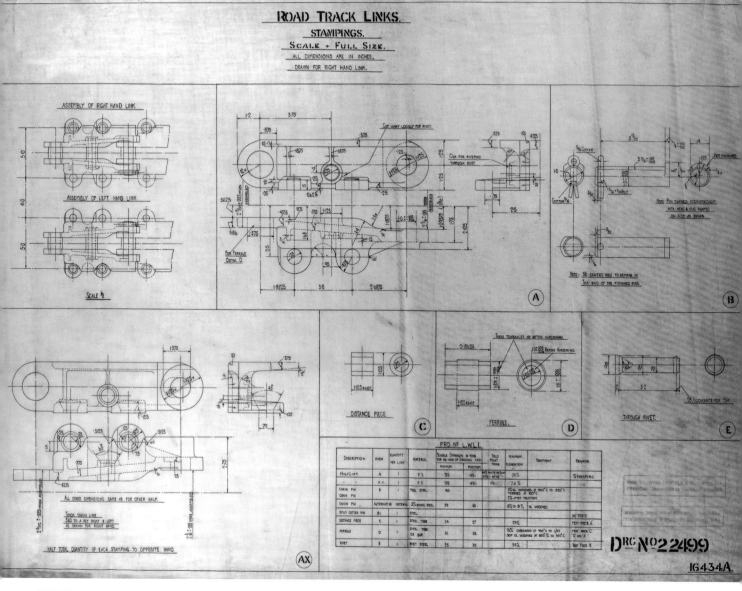

▲履板の接合の詳細を示している、マークIV戦車の原図面。

◀履板の接地面とリベット止めされた接合部を示す、マークIV戦車で使用された完全な履板リンク。

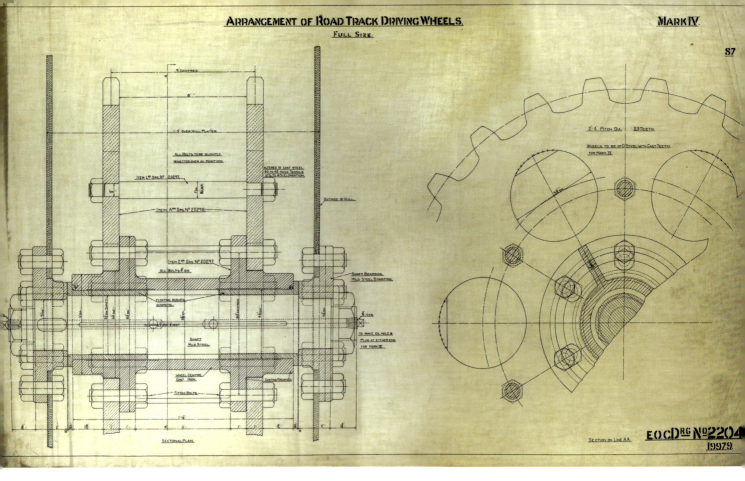

▲マークⅣ戦車の履帯用ドライビング・ホイールの一部。

て移動するが、装軌式車両は違う。装軌式車両の履帯は車両が移動する路面を自ら作るような働きをする。19世紀にはこのような原理の車両を「携帯用鉄道」と呼んでいたが、これがもっともしっくりくる。言い換えるならば、装軌式車両は進行方向に履帯を置き、それに沿って這い進み、車両の後端で履帯を持ち上げて、それをふたたび進行方向に前進させる仕組みである。1917年当時と、現在の装軌式車両は現在のそれとは、基本原理は同一で、区別するのは簡単ではない。

左右の履帯の駆動力は履帯フレーム内のセカンダリ・ギアシャフトに平行したカウンターシャフトから最初に伝達される。これらのカウンターシャフトは選択されたギアに応じて、プライマリ・シャフトと噛合する2つのスプロケットと、駆動力を伝達するチェーンに噛合していた。ブッシュ・ローラー・チェーンと呼ばれたこのチェーンは、マンチェスターのハンス・レノルドが特許取得したチェーンの強化型であった。しかしマークⅣ戦車については、ライバル会社となるコヴェントリー・チェーン・カンパニーによって製造、供給された。大型二輪車のものと類似したチェーンは、同じシャフト上にギアを備えた別のスプロケットに駆動力を戻し、中央チェーン・スプロケットの両側は、それぞれの履帯用ドライブ・ス

プロケットの歯と直接噛み合っていた。

ドライブ・スプロケットはおそらくマークⅣ戦車の最も重要な鍵となる技術であり、その後のほとんどの戦車にも影響した。各スプロケットは直径27インチ（68.6㎝）の、一対の歯車付き円盤で構成されている。そして履板リンクのスロットに噛合するように間隔を置いて歯が配置されていた。エンジンから間接的に力を引き出して、戦車を履帯に沿って牽引するのはスプロケットの働きである。その結果、シャフト上の歯車とがっちり噛み合っているとしても、スプロケットの歯はすぐに摩耗した。交換用のスプロケットは需要が多すぎたため、これほど重要な消耗品と分かっていても、イギリスから前線への供給は常に不足していたのである。フランスの中央野戦工廠では、スプロケットの現地生産を試みたが、フランスのエンジニアリング工場に任せるのは不可能であった。最終的にはイギリスからの厳密な指定を無視して、とりあえず必要な部品であるという要望を現地工場に出した。つまり敢えて品質低下に目を瞑り、交換用のスプロケットを入手したのであった。中央野戦工廠はフランスで現地生産されるスプロケットはイギリスほど品質が良くないことに不満を抱いていたものの、一応の動作はするし、入手が容易であったため状況が根本的に解決するまでは

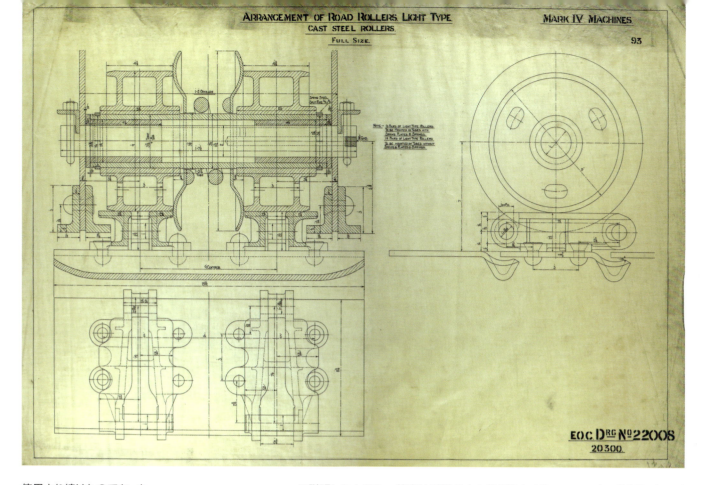

▲マークIV戦車用の軽量型ローラーの配置。

使用され続けたのであった。

　多くの人が気付いていないのだが、第一次世界大戦時の戦車の履帯フレームの底面は平らではなく、緩やかに膨らんでいた。すぐに気付くようなものではないが、これには理由がある。固い地面に置かれているマークIV戦車を詳細に調べると、たいていの場合、片側の履帯では10枚の履板が地面に接触しているのが分かる。これはステアリング——あるいは当時の言葉ならスイングすること——をずっと容易にするための結論であった。実際、地面に接触している履帯の長さが短いほど、横方向への抵抗が小さくなるので戦車の進行方向を変える旋回動作には都合が良い。対して軟弱な地面では車体が沈み込むので履板が広く地面に接触して、戦車全体の接地圧は低下する。しかしこうなると、抵抗が増して旋回が困難になる。もちろん、ダグラス・ブラウンが見いだしたように、一面の泥濘地が戦場となった第三次イープル戦では、戦車があまりにも深く沈み込んでしまって操向ができなくなり、どの戦車も車内への浸水でクラッチが作動しなくなり、停止するまで、ただ泥水をかき回すことしかできなかった。

　しかし、これは特別なケースであり、戦場として想定した通常の環境であれば、戦車の地面に対する沈み込みは問題にはならない。それでも、すでに説明したとおり、戦車は履帯の上を自ら引きずるように動いているのであるが、見た目では実際に動いているのは車体であり、履帯が動いているようには見えない。その結果、ドライブ・スプロケットに加えて、戦車は車体フレーム内の短いシャフトによって保持された、一連のローラーによって履帯に沿って運ばれるが、これは複雑な構造である。ローラーには、軽量フランジローラー、軽量平面ローラー、重量フランジローラー、重量平面ローラーの四種類がある。重量タイプのローラーは、最大の重量を支えるために、両側の中央に配置されていた。その前後に軽量タイプのローラーが置かれて、これらは戦車が登攀ないし下降する際に荷重を支える働きをした。

　片側に15個ずつある平面ローラーは荷重を支える役割をしていて、フランジローラーは、その名のとおり鉄道の車輪のようにフランジ加工されていて、重量を支え、戦車の移動時に車体を履帯の上に保つのを補助する。フランジローラーと、各シャフトごとのフランジローラーのみが、フランジを履板リンクの内側末端に押しつけた状態に保つスプリングによって分離されている点は注目すべきである。これらのスプリングには他の用途はない。スプリングは決してサスペンションの一部としては機能

▲履帯の張力の調整は履帯フレームの前部にある、アイドラー・ホイールの張度調整装置を操作する。

▶履帯用スパッド、あるいはグローサーとも呼ばれるこの部品はフランスの戦場から発掘されたもので、写真は表裏の両面である。履帯リンクへの取り付け具も確認できる。

▶裏面から見たグローサー・スパッド。

していなかったのである。

　履板リンクそのものが履帯フレーム内の定位置にフランジ留めされて保持されているという説明はすでにしたが、このことは左右の履帯の下部の駆動面にのみ適用される。これらのフランジは、車体前部のスイッチプレートと呼ばれるパーツによって噛合されて、車体の後方までまわってくると解放される。

　想像するのは難しいが、戦車の履帯は延伸する。もちろんゆっくりと時間をかけて起こる現象であるが、それでも時間が経てば、その延伸は無視できない危険要素となる。なぜなら、履板リンクがドライブ・スプロケットの歯と正確に噛み合わなくなり、さらに緩んでしまえば、履帯が外れてしまうからだ。最初の対応策は、両側のアイドラー・ホイールを操作して履帯の張力を調整することである。マークIV戦車のアイドラー・ホイールは、「ホーン（角）」と呼ばれる履帯フレームの最先端部分にある。アイドラーから、履帯は地面に向かって下降し、次に車体の後方にあるドライブ・スプロケットによって持ち上げられるまでの地面に置かれて戦車が走行する経路となる。アイドラー・ホイールには2つの役割がある。まず最初は動いてくる履帯を適切な位置に揃うよう調整することであり、例えば塹壕の胸壁のような障害物に近づく場合には、履帯の支点にもなる。次に、アイドラーは履帯に生じたスラックと呼ばれる緩みを、ある程度修正することができる。

　アイドラーのシャフトを所定の位置に保持している2つの大型ナットを緩めてから、乗員がスパナを使ってボルトを調整することにより、履帯が正しい張力を維持していると判断される位置まで、アイドラーを前方に動かすのである。戦車操縦手のハンドブックに記載されているように、この方法は科学的と言うよりは、実用性重視の解決方法である。このカラクリは、大きなスパナ、あるいはかなてこの方が望ましいのであるが、これらをアイドラーから下方、車体後方に向かいはじめるあたりの履帯の下に差し込んで、上下に動かすのである。もし履帯が1インチほど動けば、張力は適切と判断される。この方法では履帯が緩すぎて調整できない場合は、履板リンクをすべて撤去する必要があるが、これは履帯全部を交換すべき時期が来たという意味であり、第一次世界大戦当時の戦車としては、かなり劇的な事態であったはずだ。

　車体後方のドライブ・スプロケットをまわった履帯は、今度は履帯フレームの上面を、鋼鉄製レールや、青銅製のブロック、フランジローラーを通過しながら前方に移動し、再びアイドラー・ホイールに達してから地面に置かれる。

　この構造は泥や砂を巻き込んでしまうので、履帯は潤滑しなければならなかった。車体前部のベンチシートの下には、スクリューキャップが付いた2つのコンテナが置かれていた。コンテナはそれぞれが片側の履帯に対応していて、充填された潤滑油が重力でパイプに伝わり、履帯フレームに供給される仕組みになっていた。この潤滑油は、初期型の場合は、履帯フレームの上面にまで運ばれて、グリース

ガンによって吹き付けられていた。またこのグリースガンは履帯ローラーやアイドラー・ホイールのシャフトの潤滑にも使用された。

"Tank in Action"において、ダグラス・ブラウンは1917年7月30日の夜、乗車のG46号へのスパッド取り付け作業の終盤の様子を残している。ダグラスが鉄の靴とも呼んでいたこれらのスパッドは、履板リンクの締め具で取り付けられる履帯の延伸用部品で、これを付けることで履帯の実質的な設置面積を増やして地面の摩擦を強め、軟弱地面での移動を補助したのである。ブラウンによれば、このスパッドは固い地面では効果がないために、最後の手段であったと説明している。というのも、スパッドは車両の自重によってねじれたり、履板リンクを破損しかねないからだ。

ブラウンと彼の戦友はG46号に30個のスパッドを取り付けねばならなかったが、ナットとボルトの噛み合いの悪さや、スパナの不足のために、時間内に15個しか装着できず、残りは、第三次イープル戦と呼ばれる7月31日の戦いに備えて、彼の戦車が待機していたフラスカティ農場の植え込みの中に投げ捨ててしまったのであった。ブラウンによれば、戦車ごとにスパッドは44個割り当てられていて、天板の上に箱詰めされていた。この重量も悩みのタネで、泥地脱出用角材やレール、各種装具などを足していくと、追加重量は2トンにも達したと言われる。

スパッドに話を戻すと、履板リンク6個ごとにスパッドを付けるのはマークⅡ戦車の特徴であるが、写真を詳細に分析すると、マークⅠ戦車——少なくともパレスチナでの写真でも分かる——や、1917年以降のマークⅣ戦車にも確認できる。ところがマークⅤ戦車以降になると確認できなくなる。マークⅣ戦車の履板リンクは180個なので、リンク6個ごとにスパッド1個となると、片側15個、全体で30個になる。ブラウンの記述からは、これが厳密には守られてはいないことを示唆するだけでなく、場合によっては奇妙な配置もあったことがうかがえる。これが仕事の簡略化の結果なのか、あるいは風変わりな戦車兵による空想の産物なのか、判然とはしない。ついでながら、アラスで撮影されたマークⅡ号戦車（オス型）の「Iron Duke」号はスパッドを装着していた。この写真からは、固い地面を走行することで被るダメージは、実地で学ぶしかないことを示唆している。

泥地脱出用角材の前に導入されていた、別の初期のデバイスとして、2個のトーピード・スパッドが戦車ごとに割り当てられていた。これは木製の桁で、長さは55インチ（140cm）、直径は6インチ（15cm）で両端が鉄材で補強されていて、中央部分の鉄製補強材には履板リンクにつなぐための鎖が装着されていた。もし戦車が立ち往生してしまったときは、両方の履帯に取り付けたトーピード・スパッドは履帯の梃子となるのである。しかし、あまりにも泥濘がひどい場所では、このスパッドが履帯からずれて車体の横に回ってしまい、空転するだけになってしまうことについて、わざわざ言及する気にはならなかったようだ。中央野戦工廠の日報によれば、トーピード・スパッドの発案者は、泥地脱出用機材の設計を専門にしていたハリー・バディコム少佐であった。

泥地脱出用角材の導入は、中央野戦工廠によればまったくの偶然であったことが分かる。記録では、1917年4月にアラスの戦場に向かっていた菱形戦車の乗員が、果てがない泥濘にうんざりして、適切な解決策を追及した事になっている。彼らは近隣の廃線路から枕木を引っ張ってくると、トーピード・スパッドの金具を加工して、この枕木を履帯に引っかけた。履帯と一緒に回転する枕木の抵抗で戦車は泥濘から脱出できたのだ。この時の戦車はマークⅣ戦車ではなかったが、重要なのは泥濘から出るための原理原則の発見であった。中央工廠は実験を重ね、適切な装具を開発した。この装具は大雑把に台形に整えられ、鋼鉄製の帯で補強されたずっしりとしたオーク材で、頑丈な鎖を使って履帯に取り付けられていた。

この角材は人力に余る重量であったため、中央工廠では車体の上に履帯方向と平行するよう屈折した車体と同じ長さのレールを設置して、未使用時の角材はその上に置けるようにした。このレールは戦車の上面にある装備やスパッド収納箱、ハッチ、消音器、車体前面の操縦席などの上に渡されていたので、履帯に装着された角材は、これらを壊すことなく、レールの上を滑って車体後部から前部に移動できた。そして戦車の前面に来ると、履帯がこの角材に乗り上げる形となり、泥濘地を脱出する摩擦と抵

◀取り付け方が想像しやすい状態のトーピード・スパッド。報告によれば、この装置は役に立たなかったが、1918年にマークB中戦車、マークC中戦車に導入された。

抗を生んだのである。この角材によって泥濘地から脱出できたら、今度は角材が車体上面のレールの所定の位置に来るまで動かして、履帯から外せばよい。この構造が機能することを確認したフランスの中央野戦工廠、第3前線工廠のフィリップ・ジョンソン少佐の功績が認められ、量産のためにイギリスに持ち帰られた。不運なことに、生産現場と官僚制の惰性によって、この提案は退けられたが、中央工廠のスタッフが独断でこの角材の量産に踏みきり、フランスに運ばれたマークⅣ戦車のすべてに装着した。つまり理屈の上では、角材を積載したマークⅣ戦車はすべてフランスの前線を経験していることになる。

　泥地脱出用角材を使った堅実な努力によって、危険をともない、かつ性能面の限度はあったものの、菱形戦車の問題は大きく改善された。危険性については、戦車が泥濘でスタックした場合、この角材の取り付けには最低2人の乗員の手が必要で、その間は戦火に身をさらさねばならない。それでも、この角材が導入される以前の、トーピード・スパッドや、現地で手に入れられるものを手当たり次第に使っていた時期よりはましであった。もっとも、この危険な作業の「志願者」にとっては血も凍るよう

▲フランスにてマークⅣ戦車が泥地脱出用角材を使用中の場面。

▶この角度からのマークⅣ戦車の写真なら、角材の固定位置と、本書でもたびたびスパッド用収納箱として言及されている履帯用スパッドの収納されている様子が確認できる。

な体験であったわけだが。

　戦車が泥濘にはまると、履帯が空転するだけとなる。履帯は泥をかき回すばかりで、戦車はその場に留まってしまうのだ。角材取り付けのために車外に出た2人は、まず車体によじ登って、スパッドの収容箱の中に入っているチェーンを取り出さねばならない。そして重いスパナを操作して、このチェーンを履帯に装着する。これが終わったら、角材をレールに結わえているロープを、手斧で切断しなければならない。ここまで生きていられたら、ようやく車体から降りて、車内に戻り、作業終了を報告するのだ。

　この説明は、戦車が平衡を保っている状態を前提としている。しかしもし戦車が傾いている場合、この作業中に角材が車体の外に滑り落ちてしまうことも考えられる。また角材を履帯に結束して、無事に志願兵が車内に戻ったとしよう。次に操縦手は細心の注意を払ってディファレンシャルをロックし、ローギアに入れて、ゆっくりとクラッチを戻しながら、両方の履帯が同時に動くようにしなければならない。これらがすべてうまく行ったとき、泥地脱出用角材はゆっくりとレールの上を滑って車体の前に落ち、戦車が泥濘から脱出する力を与えてくれるのである。

　戦場が泥濘で覆われているなら、戦車が良好な状態の地面に達するまで角材を装着したままにすべきかという考えもある。しかし泥濘を脱した戦車は、角材を車体の上まで引き上げたら、停止して今度は角材を履帯から外し、レール上に固定し直さなければならない。これはふたたび「志願者」が身を危険にさらすことを意味するし、再度、泥濘地に直面したら、同じ作業が繰り返されることになる。

　これは危険極まりない任務であった。車外に出て、角材を取り付けるために車体によじ登らねばならない2名の乗員にとっての危険性は、やはり負担が大きすぎたため、様々な解決策が求められた。1917年の晩夏、第3戦車旅団の野戦工廠は戦車の車体後部の下側に角材を格納する仕組みを考案した。履帯への角材結束はチェーンを使用するが、乗員は戦車に隠れながら地上で作業ができるようになった。レールに溶接された特殊な楔状のパーツが角材を支えているので、後方視界がとりやすくなり、ルーフハッチから後方の視界が改善した。角材の固定には安全チェーンが使われ、履帯に特性のチェーンが装着されると、あとは戦車が動き始めれば使用できるようになる。履帯を逆回転させれば、操縦手は角材を元の位置に戻すことができる。乗員は履帯の留め具を外し、安全チェーンで角材を固定し直すだけで良かった。

　ボーヴィントンでは、車体後部に横軸シャフトとスプロケットを追加して、車体に2本のレノルド製チェーンを走らせるという試験が実施されたようだ。このチェーンに泥地脱出用の角材が固定されていて、必要に応じて車体の下に差し込まれるのである。角材の移動には、乗員による取り外し作業は不要で、横軸シャフトを操作するだけで済んだが、実際に戦場で使い物になったかどうかは判然としない。

　最後になるが、戦車の車体後部の幅とぴったり同じ大きさのケージも開発された。被弾の危険を避けるために、乗員はこの中から角材の設置作業ができるのである。この装置の実用化はマークV戦車からであるが、試験はマークIV戦車を使ったモックアップのみであったと言われている。この軟鉄製ケージはバーミンガムのオールドバリー・レールウェイ・キャリッジ＆ワゴン社が製造を担当した。この町には泥地脱出用デバイスの開発に従事していたハリー・バディカム少佐も居住していたので、おそらくこのケージの開発にも関与していただろう。

◀泥地脱出用角材専用のチェーンが装着された試験用マークIV戦車。外部のクラッチをつなぐことで、スプロケットに動力が伝わり、角材を装着したチェーンが回転する。この試験はボーヴィントンで実施されたようだ。

【第3章】
戦車の武装

今日の戦車にとって、戦車砲は兵器として最も重要な要素である。しかし第一次世界大戦においては、砲は戦車の決定的要素ではなかった。戦車の存在自体が、戦場での最大の意義であったのだ。しかし戦車と砲の関係は切り分けて考えることはできない。その視点で探ると、オス型戦車（57㎜砲を搭載）とメス型戦車（機関銃のみの武装）の砲配置は非常にユニークであった。

◀マークⅣ戦車に搭載された6ポンド砲の砲座。砲尾の上には照準用の望遠鏡がむき出しになっている。砲の左側が砲弾架になっていて、そこから台尻が伸びている。

▲訓練用架台に置かれた6ポンド砲、1918年7月、英仏海峡に面するメルリモンに設けられた戦車砲学校で撮影。この夏に西部戦線を視察していたニューファンドランド島知事も写っている。

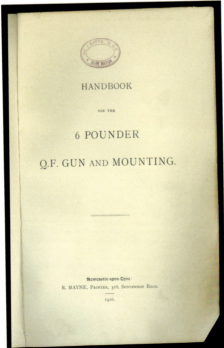

▶1916年編纂の6ポンド戦車砲用教本。〈1st Battalion, Heavy Branch, Machine Gun Corps〉のゴム印に注目。

　マークⅣ戦車のオス型の主武装は、オチキス製重量600ポンドの6ポンド砲マークⅠないしマークⅡであり、6ポンド砲マークⅡの場合は特製の砲架が据えられた。6ポンド砲マークⅠは、単層式砲身のライフル砲で、尾栓は垂直鎖栓式閉鎖機を採用していた。口径は57㎜、砲身長は52.21インチ（132.4㎝）、イギリス軍の砲身長に関する伝統的表現に置き換えれば、23口径長（57㎜を23倍すれば砲身長とほぼ一致するという意味）であった。もともとこの砲は2種類の砲弾（砲弾は〈ammunition〉であるが、軍事用語としては〈natures〉を使うこともあった）、すなわち爆発力のある榴弾と、徹甲弾として使用する鋼鉄の実体弾である。これに後にはキャニスター弾、つまり人員殺傷用として散弾銃の弾丸のような役割をする榴散弾が追加された。6ポンド砲マークⅡはやや大型であったが、性能や諸元にはほとんど違いはなかった。

　6ポンド砲弾は真鍮製の薬莢と組み合わされていたので、装填から射撃までの手順は簡素で済ん

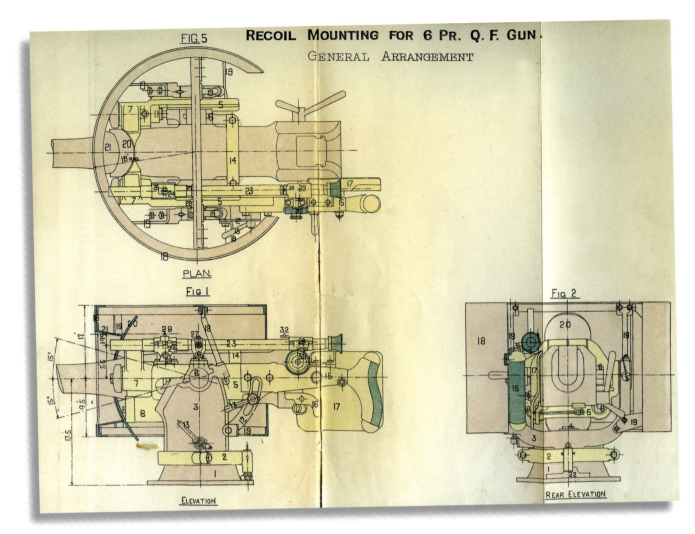

▲6ポンド戦車砲教本に掲載されている砲架と架第の図面。

だ。射撃された砲弾の砲口初速は秒速1350フィート（411.5m）、最大射程7300ヤード（6672m）であった。もっとも通常の交戦距離はこの最大射程よりはずっと短い。また徹甲弾は距離500ヤードで30mmの装甲板を貫通する威力があったので、かなりの悪条件下でも威力は充分であった。

砲を射撃する際には、砲手は台尻が彼の右腕に下にある状態で、砲の左側に位置するように指示されていた。この状態なら、砲手は砲の旋回や俯仰角の操作時に力を入れやすくなる。また砲は車体の中央にあって、スペースを大きく取ってしまう原因になっているため、砲を使用しないときは台尻は折りたたんで格納しなければならなかった。正しいポジションに着くと、砲手の右手は台尻の下から、砲

▶マークⅣ戦車（オス型）の右側の6ポンド砲で、砲手用の台尻を伸ばした状態。ピストルグリップの台尻と望遠鏡の様子が分かる。

▶台尻を折りたたんだ状態での6ポンド砲の車内からの様子。

▼ライフル用の小銃弾と6ポンド砲弾の比較写真。実際、初期の戦車で使用された戦車砲弾は、非常に洗練された美しい姿をしていた。

発射用のピストルグリップに届く。射撃は雷管式なので、引き金を引けば即座に砲弾が発射されて駐退機が作動、装填手は尾栓を解放して排莢し、次の砲弾を装填できた。装填手は砲の右側付近にかがんだ姿勢で、レバーを使って尾栓を操作、新しい砲弾を装填する。射撃可能になったら、彼は砲手を叩いて、砲撃準備完了の合図を送るのである。

　砲はスポンソン内にボルト止めされた架台に据えられていた。即応弾用の砲段ラックの上に砲の架台を据えている戦車もあるが、マークIV戦車に関しては、これは採用されなかった。砲架は軍艦のそれと基本的に同じ構造であったが、戦車の車内環境に合わせて、駐退機の構造は改修されていた。砲身の上に設けられた水圧式シリンダーと、下側の2本のバネ式シリンダーの併用によって駐退力が発生した。

　砲架と砲操作員は砲の旋回と連動して動く円筒状の防楯で守られていた。防楯は2フィート9インチ（83.9㎝）の大きさで、装甲の厚さは12㎜であったが、砲の格納と仰俯角用のスペース確保のために大きく切り欠かれていたので、埋め合わせのために、砲の操作と連動して動き、直撃弾の影響を有効に防ぐための追加装甲板を砲身に装着した。

　砲身の左側には、照準用のスリットとして装甲に小さな穴が開けられた。当然、この部分は防御上の弱点になるが、開口部は小さいので、ここへの直撃弾は不運で片付けるほかなかった。照準用望遠

◀マークIV戦車（オス型）の砲弾架、6ポンド砲弾配列用の穴と円筒状のスリーブの様子が分かる。長方形のスロットには機関銃用の予備弾薬箱が置かれている。

▶砲弾架の原図（左舷側）からは、6ポンド砲の予備弾薬の配置とスポンソンの装甲配置が確認できる。

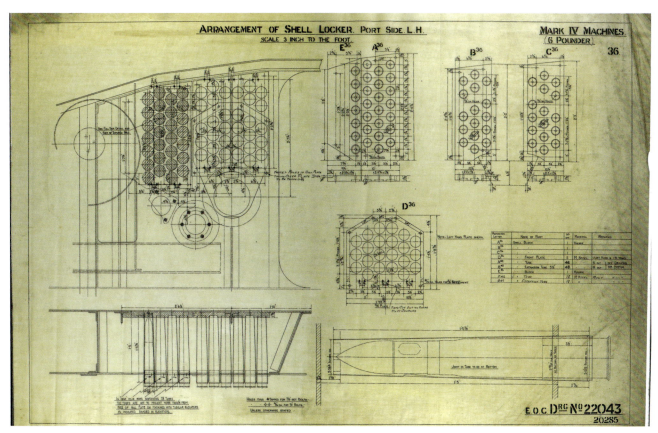
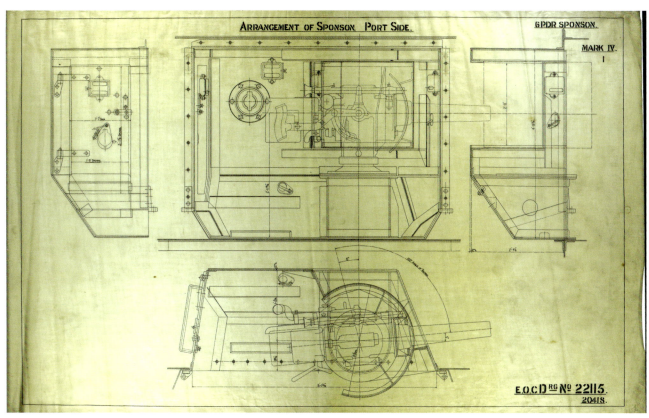

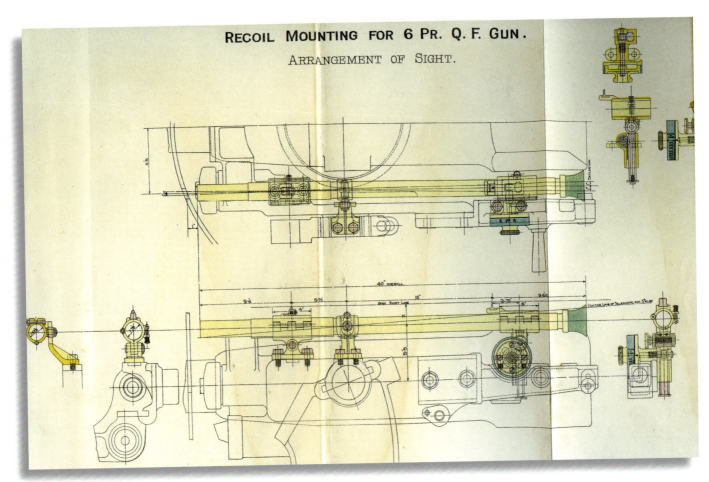

▲6ポンド戦車砲用教本には、照準用望遠鏡と装着部のブラケットの詳細が掲載されていた。

鏡の最高倍率は2倍である。砲身の右側に位置するよう砲架に固定されていて、砲手はかなり窮屈な姿勢での照準を強いられることはあったものの、望遠鏡は砲の動作と連動していた。照準用望遠鏡は真鍮製、鏡胴の長さは23インチ（58.4cm）で視野角は20度であった。光学用ガラスが入手難であったために、通常のガラスを使用していたが、それでも、当時の水準では充分と見なされていたようで、「非常に効果的な装備」と評価されていた。しかし例えこれが本当だとしても、この兵器の使用環境では長距離射撃の機会は稀で、近接戦闘が大半を占めていたことから、砲架には近接戦闘時に適した目測用の測距具も据えられていた。

砲手は砲の左側に位置しないと砲操作ができず、また装填手は右側にしゃがんだ姿勢でないと装填ができない。左舷右舷のどちらも同じ配置にするため、両舷の砲のレイアウトは、鏡あわせにはなっていなかった。それでも両舷の違いは微細であり、現物

▶戦闘時に破損したウェブリーマークⅥ拳銃。戦車軍団所属の兵士、ウォルター・カラザースが所有。上官との偵察任務中に砲弾の破片を浴びて損傷した。カラザースは砲弾の破片がこの銃にぶつかったことで、自分の命が助かったと主張していた。彼は戦争を生き延びると、警官としての生涯を送った。

をじっくり見るか、写真を突き合わせないと気づかないだろう。実用的な観点からすると、それぞれの砲の射界が同じ——左右100度の幅の射界——であっても、右舷砲では完全に車体の前方正面に射線を通しつつ、車体の側面正方向より10度後方まで砲を向けることができた。一方、左舷側の砲は、車体正面より5度左方向の外側に開いてしまう代わりに、側面正方向より15度後方まで射界に入れられた。

これは乗員が砲に挟まれるのを防ぐという当たり前の理由以外に、突発的な事故により砲が暴発して、それが車体を傷つける可能性を抑えるためである。物理的にこれを防ぐために、砲架が乗った旋回板にストッパーが付けられていて、砲が無理には旋回できないようになっていた。加えて、砲口と戦車に積載している弾薬の距離は最短でも4口径長分の空間を保つように設計されていた。

ついでながら、初期のマークIからマークIII戦車のオス型では、砲身は40口径長であったが、これを車両の前方に射撃しても、砲弾が車体に当たる可能性はなかった。これらは火線が戦車の正面60ヤード付近で交差するように設計されていた。戦後にまとめられた報告書では、「現実的な観点からは、マークIV戦車はそれ以前の型の戦車より方向転換が容易」であることが特に議論にはなっていないと説明している。マークIV戦車まですべての型で同じステアリングの方法を採用していたので、マークIV戦車に交換されるまでに、戦車兵の練度や効率が向上した可能性を除けば、操向性向上の原因は判然としない。

アルバート・スターンは"Log-Book of a Pioneer"の中で「戦車軍団に所属するある士官は、サン＝オマールのルイス機関銃学校の責任者であったことから、オチキス機関銃をルイス製に変更すべきであると主張した。ルイス機関銃は銃身のジャケットが壊れやすくて、銃身の構造と銃眼がマッチしていないとの、戦車の専門家の訴えにも耳を貸そうとしなかった」と残している。

善意からかスターンはこの士官の名を明かしていないが、後に准将に昇進して第1戦車旅団を率いるチャールズ・ベーカー＝カールだろうと推測されている。実際、彼はサン＝オマールにいた経歴があり、

◀マークIV戦車の左舷および右舷のスポンソンは、装填手の配置の違いから、細部が異なっている。

▲0.313口径のルイス機関銃。歩兵用の武器であったが、マークⅣ戦車(オス型)の副武装、および(メス型)の主武装となった。

▼47発装填可能なルイス機関銃用のドラム型弾倉を上下から見たもの。

かつ強い信念と説得力がある指揮官として知られていた。ルイス機関銃の導入に際して、彼は、ルイスの方がヴィッカースよりもずっと軽量なので、大がかりな銃架を必要としないことを根拠に挙げていた。しかし、破損しやすいという不満が連発した銃身を覆うジャケットの不具合は隠しようがなかった。さらに悪いことに、エンジンのラジエーターから車内に漏れ出す排煙が、ルイス機関銃の空冷機関部を通じて機関銃手の顔面に吹きかかるため、操作に支障を来すという不具合が発生した。それでもルイス機関銃はマークⅣ戦車のオス型の副武装として、さらにメス型の場合には主武装として1917年末まで使用された。

運用面では、ルイス機関銃の重量は27ポンドであったが、車載機関銃として導入する際には木製の台尻を撤去することで、さらに軽量化された。銃口初速は毎秒2460フィート(約750m)、最大射程は1900ヤード(約1738m)で、発射速度は毎分600発であったが、弾倉には47発しか装填されていないので、この発射速度は理論値でしかない。車載されるルイス機関銃用の弾薬は5640発、予備弾倉120個分で、弾倉は弾薬箱に収納されていた。これがメス型の場合は、弾薬数12972発、弾倉276個分となる。大量の弾薬を積んでいるように連想するが、激しい戦闘では瞬く間に使い果たされた。

戦車博物館が所蔵している、戦車軍団が作成したルイス機関銃用の手引きにのこる手書き注釈には、マークⅣ、マークⅤ、マークB中戦車に供給されたルイス機関銃およびオチキス機関銃用の徹甲弾に関して触れられている。1918年6月3日の参謀部での回覧文の記録からは、マークⅤ戦車やホイペットが前線に投入されているにも関わらず、マークⅣ戦車をオチキス機関銃に換装する手順が踏まれていないことが示唆されていて興味深い。

しかし、ここで言及されているのはマークⅣ戦車(メス型)に関することに限られていて、それによると車両ごとにルイス機関銃用の24個分の弾倉が供給されていて、"AP"と白く文字書きされた弾薬箱に収納されていた。このAP弾(徹甲弾)が敵の野砲や対戦車銃の防楯を遠距離から攻撃する切り札であったのは明らかだ。この辺は柔軟に運用されていたらしく、要望があればオス型でもAP弾は支給された。また弾倉内のAP弾と通常弾の割合も、必要と認められれば変更できた。

スターンが予見していたように、戦車の銃架をルイス機関銃に合わせるのは簡単ではなかった。しかしこの問題は、海軍の工作部から出向したフレデリック・スキーンズが見事に解決した。彼は、ルイス機関銃のジャケットを銃眼に合わせられる2つの小リン

グを収納した、装甲ボールマウントをあつらえたのである。このマウントによって機関銃手は銃口をあらゆる方向に容易に向けられるようになったが、特に重要なのは戦車の姿勢を問わず、機関銃を水平に撃てるようになった事であった。初期の車載機関銃は、銃眼の保護のために、武器を車内に引き込んだ際に使用できる装甲蓋を備えていた。しかし後に導入されたボールマウントは、マウントに設けられた小さなレバーを手動操作するだけで、銃眼の隙間を閉鎖できたのである。

オス型戦車には機関銃用のボールマウントが、車体正面の操縦手と車長の間に一基と、両舷のスポンソンの6ポンド砲から見て車体後部側にそれぞれ一基ずつ、計三基備わっていた。メス型戦車の場合は、6ポンド砲の代わりに機関銃が置かれたので、合計5基となる。この場合、スポンソンの機関銃マウン

◀マークⅣ戦車の右舷スポンソン、スキーンズが開発したボールマウントとルイス機関銃が確認できる。銃身が長く、ジャケットの材質も薄かったため、戦場では頻繁に破損した。スポンソンのドアが開いているが、非常時にはここに設けられたピストルポートからルイス機関銃を撃つことができた。ドアの下部が箱状になっていて、ここから空薬莢などを車外に捨てられたことがわかる。

▶スポンソンの後部ドアのピストルポートにルイス機関銃を差し込んだ状況を再現した。真上に見えるボールマウントはオチキス機関銃に対応したもの。

▼再び車外からスポンソンのピストルポート、ルイス機関銃の銃身の長さが際立っている。穴には照星用の小さな切欠きがあり、機関銃手は、この切欠きから狙いを付けた。

トは小型の旋回式防楯と組み合わされたので、戦車の側面を広く射界に収められた。オス型についての追加改良部分としては、両舷のスポンソンのドアにルイス機関銃の銃身も差し込める大きめのピストルポートを設けて、非常時には戦車の後方にも火力を投射できるようにしたことがある。もっとも、狭い車内で折り重なるようにかさばる機関銃をしっかり操作できるものなのか疑わしいが、理屈の上では可能であるし、実際、注目すべき特徴であった。

　1917年夏には車載機関銃としてルイス機関銃から別の機関銃に更新する決定がされたようであるが、即座に実施されたという痕跡は見られず、新型戦車の登場にあわせて1918年春まで延期されたようである。

　ルイス機関銃の後継として選ばれたのは、フランスのオチキス軽機関銃で、イギリスの0.303口径弾を使用できるようイギリスで改良の上で、ライセンス生産されたものであった。しかし当時の写真の多くで、1918年になっても、マークⅣ戦車ではオス型、メス型を問わずルイス機関銃が使用されていたことは明らかであった。

　オチキス機関銃は、マークⅠ戦車における三番目の武装として採用された。この時点で車載用の予

◀戦車の車体前部、操縦手と車長の間にも、ルイス機関銃とボールマウントが取り付けられた。座席の背もたれは取り外し可能であった。銃の台尻とプライマリ・ギアレバーとの位置関係に注目。射撃時には操縦手の左耳は大変な騒音に悩まされた。

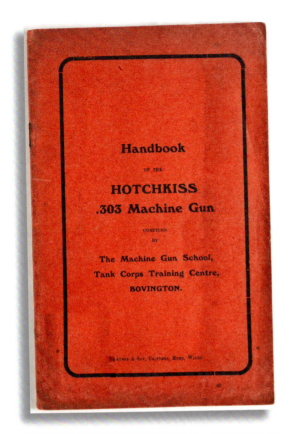

▲戦車の車載用に導入された空冷式のオチキス機関銃で、パイプ材質のストックと、給弾ホッパー、排莢受けも装着されている。

◀ボーヴィントンの戦車軍団センターで出版されたオチキス機関銃操作用のハンドブック。

備機関銃として使用できそうなのは、すでに騎兵が採用していたオチキスマークI機関銃のみであった。しかし木製のストックが車内では致命的に邪魔であったため、適切な武器ではないのは明白であった。また30発装填の弾倉と併せて、扱いにくさも懸念された。そこで翌年には戦車内での使用を前提として新設計されたマークI*機関銃が導入された。この機関銃は着脱可能な金属製ストックないし肩当てが用意されていて、全長は47インチ（約119㎝）、ストックを外せば36インチ（約91㎝）になり、射手はピストルグリップを把持して射撃操作ができた。重量は27ポンド（約12.2kg）で、射撃速度は分速600発であった。弾倉は30発であったが、機関部の右側から装填するようになっているのに加えて、弾丸が3発ずつまとめられた48発入りの給弾ベルトも使用可能であった。ルイス機関銃と同様に、

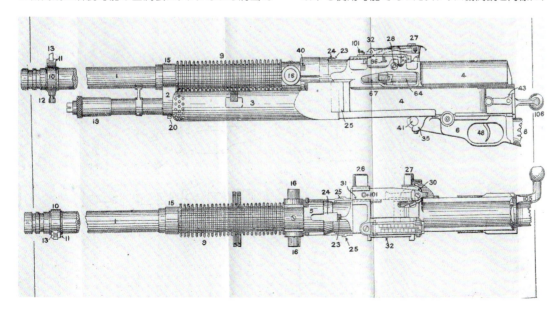

◀オチキス機関銃用ハンドブックにある詳細図には、銃身の冷却フィンや、コッキング用の台尻のレバーが確認できる。

オチキス機関銃も空になった弾倉を収容する繊維製のポーチが用意されていたが、これを使用している写真はほとんど残っていない。戦車部隊向けのオチキス機関銃には、機関銃として単独で使用する場面を想定して、小型の三脚も用意されていたが、これも使用されたという実績は確認できない。

車載用オチキス機関銃の最大有効射程は2000ヤード（約1828m）で、初速は秒速2450フィート（747m）、エンフィールド・ロックの王立小火器工場で製造された。

戦車部隊に供給されたオチキス機関銃には、従来のバックサイト式ではなく、筒型の照準サイトが装備されていたが、これを確認できる記録は少ない。オチキス機関銃は、ルイス製よりずっと小型で洗練されていて、第一次大戦に続く戦間期にもイギリス軍の戦車や装甲車で広く使われていた。理屈の上では、休戦時にも使用されていた第7および第12戦車大隊のマークⅣ戦車であれば、スキーンズのボールマウントと一緒にルイスからオチキスへの換装がされていたはずであるが、その実例が確認できない。第12戦車大隊の1918年10月12日の日報にはまだルイス機関銃に関する報告があるので、両大隊とも停戦時までルイス機関銃を使用していた可能性が高い。

戦車兵の個人用武器は、ベルトのホルスターに納められた6連発式のリボルバー拳銃であった。0.455口径のウェブリーマークⅣリボルバーは、初速が秒速580フィート（約177m）で、マニュア

▲マークⅣ戦車の左舷、スキーンズのボールマウントに装着された、ストックを外した状態のオチキス機関銃。弾倉の状態がよく分かる。

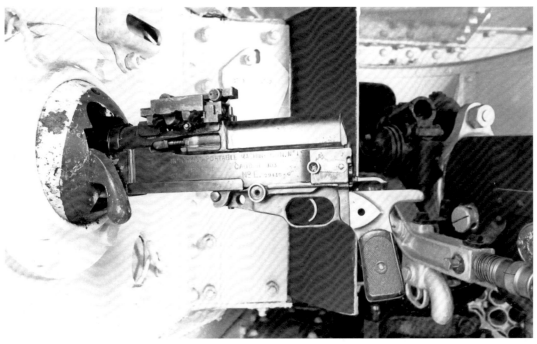

▶車載用にストックを撤去した状態のオチキス機関銃を側面から確認できる写真。狭い車内では、こうした工夫は必須であった。

ルによれば有効命中距離は50ヤード（約45m）とされていた。ダブル、あるいはシングルアクションでの作動が選択可能で、慎重かつ精度が求められる射撃ではシングルアクション、白兵戦ではダブルアクションでの使用が推奨されていた。当時、ウェブリー・リボルバーは反動が大きな大口径拳銃と認識されていて、イギリスの拳銃らしく装填はシリンダーの前方に銃身が折れ曲がる中折れ式となっていた。

　実証するのは極めて困難であるが、イギリスの戦車兵は拳銃弾の弾頭に勝手に十字を切って「ダムダム弾」を自作していたという噂が付いてまわっている。このような銃弾は国際条約で使用が禁止されていたため、もしこのような弾丸をもっている兵士が捕虜になった場合は、私刑として腕を撃たれたという噂もある。戦車軍団の兵士は捕虜になりそうになると、真っ先に拳銃と弾丸を投げ捨てる傾向にあったという噂も、拳銃弾改造の事実を後押ししているようだ。

▲復元されたメス型戦車の機関銃マウント、仰俯角、左右の旋回能力を確認中。

◀小窓からウェブリー拳銃を撃つ様子。戦車が搭載する他の火器では狙えないほど肉薄してきた敵兵士は、このようにして排除することになっていた。

【第4章】
迷彩、塗装、マーキング

戦車は泥まみれになるのが仕事なので、その汚れの下に隠れた実際の車体の色を見いだすのは難しい。戦車はいつも平板な茶系統で塗装されているわけではなく、複雑なパターンの迷彩塗装も頻繁に施されていた。マーキングについても、公式に求められるものから、戦車のニックネームやカートゥーンまで幅広く、興味深い

◀戦車博物館所蔵のHMSエクセレントの車体前面付近。写真の右側には履帯の展帳調整機がある。数字は2桁ないし3桁で、3桁の場合は訓練用車両の意味。

▲戦車博物館で展示された2324号車は、全面が茶色の塗装で仕上げられている。

「Lodestar III」は塗り直しされていないはずなので、もっとも原色に近い状態が確認できる。

マルチカラーで塗装に濃淡を加える方法は、専門家によってハーレクイン（道化師）スキームとも呼ばれる。車体を景観に溶け込ませるよりも、車体の輪郭を細断してわかりにくくする方法が第一次大戦の勃発時には一般的であり、初期の戦車はこの効果を意識した塗装になっていた。しかし戦車の特異な外形と、履帯が車体を取り巻くように外周を回転するという構造から、履板に巻き上げられた泥が車体を泥まみれにしてしまい、塗装の効果を損ねてしまうことが判明した。この結果、車体の塗装は茶系統で統一されることになったのである。

マークIV戦車の上部には木製フレームがしつらえられていて、そこにカモフラージュ用のネットをかけることができた。またマークIV戦車の上面、操縦席の上と、車体の中間点、リアホーンと呼ばれる尾部の履帯フレームの内側に2カ所ずつブラケットがあることは、マークV戦車以外の多くの戦車について写真で確認できる。本書執筆時点では、フレームがどのように見えるのか判別できるイラストレーションは発見されていない。

カモフラージュ用ネットは広く使用されていて、フランク・ミッチェルが指摘するように、その狙いは航空機による監視や偵察に対して、戦車の車体の輪郭や車体が作り出す影を曖昧にすることであった。ダグラス・ブラウンは"Tank in Action"の中で、第三次イープル戦を前にした日々の中で、オーストフークの森に駐車していた戦車が、木の幹にかけら

フランク・ミッチェルは著書"Tank Warfare"（Thomas Nelson,1933）の中で、「大げさなカモフラージュ塗装は放棄されて、すべての戦車は今後、目立たない茶色となった」と記述している。日付は不明であったが、同じ章の記述と付き合わせると、1916年から翌年にかけての冬季で、ちょうどマークIV戦車の設計製図が作られている時期に当たる。なので、わずかな例外はあるものの、マークIV戦車はこの「目立たない茶色」で塗装されていた。より正確を期して実例を挙げるなら、ブリュッセルの王立陸軍博物館に展示されているマークIV戦車

▶イープル戦で砲弾孔に落下したオス型戦車がカモフラージュネットで覆われている。稼働戦車がなんとか牽引での救出を試みているが、まるで敵の砲弾が命中して行動不能になっているようにも見える。

▲森の中に待機する第6戦車大隊の戦車。木の幹をカモフラージュネットを併用している。

れたカモフラージュネットですっぽりと覆われ、ネットの端はペグで地面に打ち付けられていた様子を残している。自然の枝の張り具合から、何もしなくても上空から戦車を隠すには充分であると彼は確信していたが、それでも念には念を入れたのだろう。そして戦車の擬装を終えた乗員たちは、今度は森の中に移動してくるまでの地面に残っていた履帯の轍を均したのであった。

　ブラウンの観察では、カモフラージュ用のネットとターポリン生地は重くてかさばるために、通常は戦場に向かう戦車からは降ろされていたが、それでも貨車に置きっぱなしにするような事はなかった。しかしこの記述への反証もある。例えば、第三次イープル戦でG47号車を指揮したオールデン少尉は、車体の上面に積んでいたネットが、おそらく排気管の熱が原因で燃え出していたことに気付かず、近くの歩兵の叫び声でようやく事故を知ったことを報告している。これは部隊でも危険視されて、以降、正式に積載場所が定められたようだ。しかしこれがブラウンの不満を招いた。というのも、車体前部上方のキャブの屋根部分からペリスコープで車体後方を観察しようとしても、天板に積まれているネットが邪魔で支障を来したからだ。先の説明の通り、スパッド収納箱より後にネットを置くと排気管の熱で焼けてしまうために、操縦席の直後に置くしかなかったのだ。

　戦車が故障したり、砲弾孔に落ちて動きが取れなくなってしまった戦車については、どの車長も当たり前のように遺棄する前に戦車を擬装したと報告している。明確な記述は残っていないが、この擬装にはカモフラージュネットを使ったに違いない。報告が曖昧なのは、本来は遺棄された戦車の天板には白いパネルを置いて、友軍の偵察機にそれと認識できるようにすることになっていたからだろう。パネルを置いてしまうと上空からのカモフラージュネットの効果を打ち消すことになるので、戦車兵はこれを嫌うのは理解できる。

　緑と茶色のネットで覆われた戦車が、戦場で本当に擬装されていたかどうか、特に第三次イープル戦のように、ほとんど平地で、しかも一面が泥の海になっていた戦場で役に立ったのかどうか、その判断は別の問題である。しかしD大隊第12中隊による1917年9月19日の報告によると、中隊所属の3個小隊が夜間に目標となる廃屋に前進した際の状況説明で「がれきを利用して可能な擬装を施し……持参したレンガ色のカモフラージュネットで」というような記述がある。これは事前に擬装についての打ち合わせや同意があったことを強く示唆している。擬装用のネットを考案したのはフランスだが、有用性に気付いたイギリス軍は、生産工場を確保しつつ、フランスで独自の研究を集めて、1916年の早い段階で、カモフラージュネットをはじめとする擬装用の各種資材を生産していたのであった。

　カモフラージュという用語と一致させるのは難しいが、一般的な戦車への塗装における工夫としては、ドイツ兵が集中して狙ってくる視察用のスリットや車体の弱点の位置をわかりにくくするために、車体に黒い線をしつこいほど追加するという塗装が見られた。これは個々の戦車の車長や乗員の判断によって頻繁におこなわれていたので、特に決められた手順やパターンはなかったようだ。そして大半の戦車が、その車両の名前に加えて、様々な公式のマーキン

グを描くだけでは満足せず、車体側面に雑なカートゥーンを描いたりしたため、どの種類のカモフラージュ塗装も部分的なものに留まっていた。

　上空から発見されることも、常に戦車兵の悩みの種であった。特に1917年のイーブル突出部をめぐる戦いでは、ドイツ軍が航空優勢を確保していたので、なおさらであった。各戦車は友軍偵察機からの識別を容易にする目的で、操縦室の天板に識別用の番号を描いていた。しかし戦車兵の多くは、同じ理由でドイツ軍に自分たちの姿が暴露されてしまうことを嫌い、泥を塗りたくって番号を消してしまう例も多かった。しかし、どんなに戦車が擬装に工夫をしていても、戦車の履帯が地面に刻む深い轍は、太陽さえ出れば偵察機からはくっきりと確認できてしまう。この轍の除去までは実質的に不可能であった。

　車体側面にマルチカラーの細片を塗り重ね、車体と履帯フレームの上面をすっぽりと金網で覆ってしまった、印象的な姿のマークⅣ戦車の写真が残っている。これは芸術家のアーネスト・パーシヴァル・チュードル＝ハートが考案した擬装である。彼は同様の迷彩パターンを使った狙撃兵用の迷彩服の考案者として知られていた。車体上面のカバーは履帯フレームまですっぽりと覆う構造になっていたが、果たしてこれが戦場の環境でいつまで使用できたのか判然としない。また、戦車のカモフラージュを得意とした芸術家として、ペイジ少尉も知られているが、彼が注目したのは木材やキャンバス地を使ってダミー戦車を作り出すことであった。

　1918年の夏頃から、ドイツ軍が鹵獲したイギリ

▲擬装の実演演習に投入されたマークⅣ戦車（オス型）のC24号車「Crusty」の姿。操縦室の上面には空中から識別するために、白い塗料で大隊番号が描かれている。

▼チュードル＝ハート式のジグザグ塗装と上面ネットを装着したマークⅣ戦車（メス型）。履帯の上面を覆うようにフープ状の支持架が渡されているのが確認できる。もっとも戦場でこの姿をいつまで維持できたのか、疑問は尽きない。

◀写真の2メートル近い巨大模型はチュードル=ハート式のジグザグ塗装を反映している。狙撃兵にはこれと同じ塗装パターンの野戦服と手袋が支給されていた。同じ塗装スキームは海軍にも提案されているが、こちらの採用は見送られた。ソロモンが塗装した同じ模型も戦車博物館が所蔵していたが、状態が悪かったために1966年に廃棄された。

ス戦車を使うようになってくると、カモフラージュへの対応策の必要性が生じた。この時期までは戦場で目にする戦車の大半はイギリス製で、戦場によっては稀にフランス戦車が姿を見せる程度であった。しかし、ドイツ軍は鹵獲した戦車の車体に識別のために大きくマルタ十字などを描き入れたものを、イギリスとの戦いに投入してきたのだ。イギリス軍は、敵鹵獲戦車との混同を避けるために、すべての戦車の側面とノーズ、そして上面に、自軍戦車の統一の識別記号として「白・赤・白」のストライプを描き入れた。この標識については描き方の手引きも配布された。もっとも、この標識の実際の効果については疑問もある。1918年10月8日、カンブレー付近での戦いにおいて、英独それぞれの4両のマークⅣ戦車による遭遇戦が発生したが、戦場での興奮状態を加味しても、両軍の識別用の標識は50ヤードに接近するまで互いの戦車兵に認識されなかったのであった。

塗装、名前、マーキング、泥 — デヴィッド・ウィリー

初期の戦車の塗装はおそらく工業製品に一般的なグレー、ないし海軍の軍艦色系のグレーで塗装されていた。戦車の原案が海軍発祥であったことを考えれば、この仮説には説得力がある。1916年5月、王立アカデミー会員で、工兵中佐として従軍していたJ.ソロモンは、ノーフォークの機関銃軍団における重機関銃部門に出向していた。彼の任務は戦車を敵から隠蔽するのに効果的な手段を見いだすことで

▼C大隊に所属のMk.Ⅳ戦車（メス型）で、視察用のスリットを擬装するために黒い線がスポンソンのあちこちに描き加えられている様子が分かる。

▲ソロモン式の塗装状態で再現された戦車博物館の展示ディスプレイ。唯一残されたマークI戦車を使用している。

あったが、その中には適切なカモフラージュ用の塗装パターンの考案も含まれていた。

　ソロモンは特に車体が作り出す影の影響を重視していたので、戦車が使用される環境や景観に着目してカモフラージュを考案した。彼の提案は、戦車の輪郭を曖昧にする「穴あき亜鉛メッキのシルエット」と呼ばれるものであった。彼は、重機関銃部門の開発担当責任者であるスウィントン大佐の命令により、線の状況に関する詳細な視察のためにフランスを訪れた。ところが軍からの適切な協力、特に戦車がいつ最初に使われるのか、秘密兵器であるが故に共有されないことに、彼は不満を募らせていた。そして最終的にソロモンは、塗装パターンによる戦車の擬装を思いつき、これが実地で試されたのである。ソロモンの迷彩塗装は四つの色で構成されていて、色の境界線は黒系の色で縁取られていた。この塗装の配列は後には細い茶色系統の縁取りで分割されたブロック状のパターンへと単純化され

た。ソロモンは「戦車へのカモフラージュ塗装は一定の条件下でなければ効果を発揮しないが、荒天時には土埃に、悪天候時には泥によって塗装が損なわれてしまう」という事実に直面した。

　戦車などの大型機械が走行すれば土埃が巻き上げられるし、雨が降れば一面の泥濘が広がる西部戦線の戦場では、大量の塗料を使ったカモフラージュ塗装は余計な手間であるとして放棄された。替わって茶系統の塗料（チョコレート色とも呼ばれる）でのべた塗りが、1916年末から主流となった。しかし、その一方で、1917年初期の時点では、マークI戦車から回収したスポンソンを装着した訓練用マークII戦車の一部が、ソロモン式の塗装を施されていたのが確認できるし、同年4月のアラスの戦いにもこの塗装の戦車が参加している。

番号

　戦車には3桁か4桁、後には5桁の固有の車両製造番号が与えられていた。数字は論理的な順序で発行されたものではなかったが、発行された数字はグループ化されていた。これは明らかに、敵に戦車の正確な製造数を把握させないための工夫であった。マークⅣ戦車の車両製造番号は、次のように割り当てられていた。

2000－2099 ………… マークⅣ（オス型）
2300－2399 ………… マークⅣ
2500－2799 ………… マークⅣ（メス型）
2800－2999 ………… マークⅣ
4000－4099 ………… マークⅣ
4500－4699 ………… マークⅣ
6000－6199 ………… マークⅣ
8000－8199 ………… マークⅣ

　これらの番号は、工場出荷時に車体に描き入れられるのがほとんどで、縦が約6インチ（15cm）の大きさで、車体後部の側面に黄色か白で描かれていた。
　また戦場における識別を容易にするために、各車両には個別の文字や番号が与えられたが、これは「戦術番号」とも呼ばれる。これは事前に所属中隊や大隊で決められた文字と、その部隊における各車両の序列を示す番号の組み合わせでできている。訓練用の車両は3桁の数字が与えられていた。戦術番号の大きさや描き入れる場所は大隊ごとに違っているだけでなく、時間経過によっても変化した。基本的には車体前部の履帯フレームの張り出し部分の側面に描かれたが、スポンソンや車体後部側面に描かれた例もある。
　また、各車両には所属大隊の頭文字を使いつつ、乗員によって自由に名前が付けられていた。例えば1916年のC中隊では酒の名前にちなんで〈シャンパーニュ：Champagne〉、〈コニャック：Cognac〉、〈シャルトリューズ：Chartreuse〉、〈シャブリ：Chablis〉、〈クリーム・デ・メント：Crème de Menthe〉、〈コードン・ルージュ：Cordon Rouge〉などの名前が付けられた。
　カンブレーの戦いでは、戦車の識別を容易にするために、鉄条網開鑿用の装備を持った戦車の車体後部には、黒地に白文字で〈WC〉と描かれたパネルが掲げられていて、歩兵や騎兵の前進を助けた。補給戦車も自らの役割をスポンソンに描いていたし、少数の無線機搭載車も識別のために〈WT〉と描かれていた。
　また少なくとも2個大隊では、所属車両の識別のために履帯フレームの前部張り出し側面ないしスポンソンにトランプの図柄を描き入れている例がある。この場合は中隊ごとに色を違え、小隊はマークで識別する。つまり第一小隊はハート、以降、小隊ごとにダイヤ、クラブ、スペードといった具合に区別するのである。
　カートゥーンやマンガを描き入れた戦車の例もある。カンブレーの戦いに参加したマークⅣ戦車、C47号車「Conqueror Ⅱ」は、両手を高く上げて降伏するドイツ兵を戯画的に描いてた。

◀各車両を識別するための4桁の車両製造番号。

▼戦術番号は、視認性有線で大きく描かれた。訓練用の戦車は3桁の番号が与えられて、通常、作戦車両は所属大隊を示す文字（第1大隊はA、第2大隊はBなど）と1桁ないし2桁の数字が与えられていた。

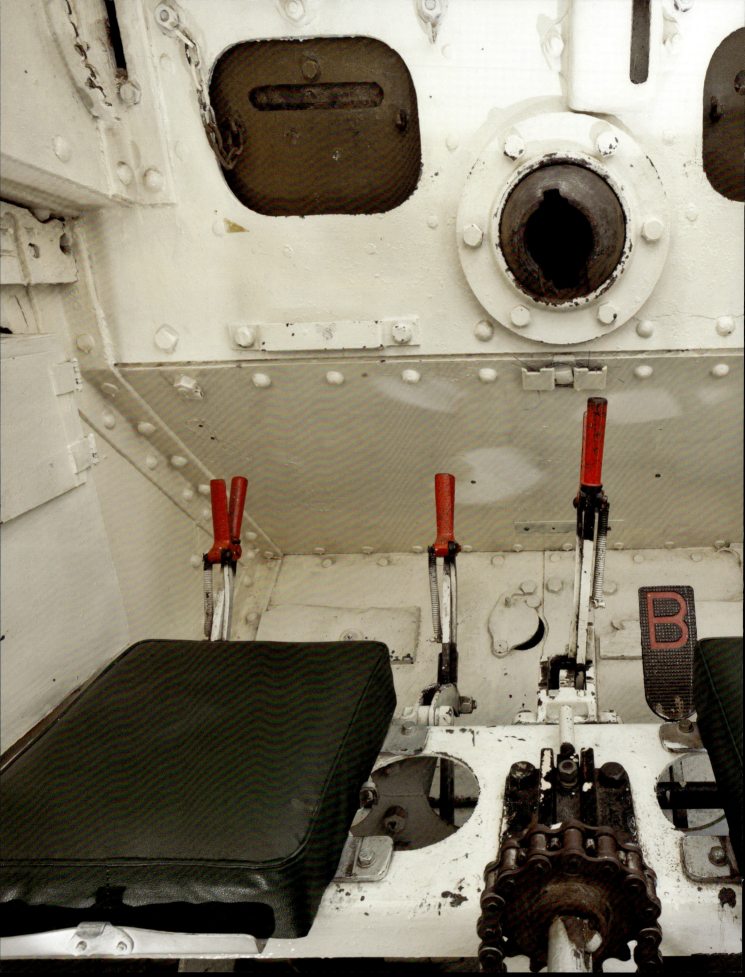

【第5章】
マークⅣ戦車の操作

設計面から見れば疑いなく戦車は複雑で、困難な操作を要する車両である。8名の搭乗員のうち、マークⅣ戦車を操縦するのには4人の力が必要であり、各々の分担の意義と責任を全うするには、戦車がどのように動かされるのか理解している必要があった。このことを適切に理解しておかないと、初期の戦車の限界を理解するのは困難である。

◀マークⅣ戦車の車内、前部の様子。車長は左座席、操縦手は右座席に座った。

▲操縦席から車長席を見た様子。プライマリ・ギアのレバーと、その手前側の短くて白いスターティング・ギア接続用のレバーが確認できる。床面の穴は、戦車が塹壕に乗り上げた際に下方に向かって拳銃を撃つために開けられていた。車長席側の2本のレバーは、ステアリング・ブレーキレバーである。

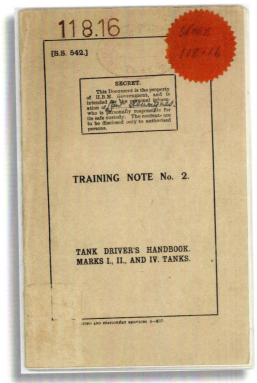

▶各戦車には操作用の教本が配布されていた。写真は操縦手用の教本である。

マークⅣ戦車の操縦

　1918年の記述の中で、アルバート・スターンは1917年4月にフランスの重装備部門本部を訪問している間に、彼自らが直面した課題について回想している。彼の前書きによれば、戦車の操縦、特に初期の戦車の操縦は、車両の状態よりも乗員の技術や練度に依存している部分が大きかった。彼はヒュー・エリス将軍に100ポンドの賭けを申し入れたことがあった。スターンが選んだ海軍航空隊の第20小隊からのチームと、将軍が選んだチームで戦車のレースをするというものだ。エリス将軍は挑戦には応じたが、賭けからは降りていたかもしれない。いずれにしても、海軍航空隊のチームは一分半もしないうちにエリスのチームを破ってしまった。

　マークⅣ戦車に限らず、当時の戦車はすべて、操作に4人の人間が必要であった。操縦手は前進または後退を操作し、適切なギアを選択するが、彼1人の力では車体の操向はできない。操縦手が望むように戦車を動かすには他の乗員の協力が不可欠であり、彼らの技量に大きく依存していたのである。従軍記録などを

戦車兵の操作手順

　戦車を始動するには、まず操縦手（教本の原本には「主操縦手（leading driver）」として説明されている）が彼の背後、エンジンカバーの前面に位置するスイッチを押す**1**。これによってマグネト発電機と点火回路が作動する**2**。操縦手の右膝付近にはアドバンス（進角）とリタード（遅角）用の2本のレバーがあり**3**、これがマグネト発電機と気化器に連結したスロットルレバーに繋がっている。

　我々がボーヴィントン戦車博物館にあるマークⅣ戦車（2324号車「Excellent」）を始動する際には、各シリンダーの上部のプライミング・カップにガソリンを充当してから、附属のタップを使用してガソリンを各シリンダーに排出しなければならない。ただしMk.Ⅳ戦車の教本には、この手順は寒冷時のような悪条件下での始動補助として推奨されていたものであり、それ以外では、このカップとタップは減圧装置の一部として説明されているだけである。

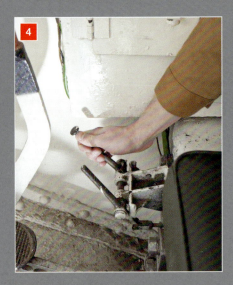

次に操縦手はアドバンス／リタード装置をリタード全開に入れて❹、スロットルを徐々に開いたのち、左手側にある小型レバーを身体の側に起こして、始動ハンドルのドライブをクランクシャフトの末端に係合させる❺。この時点で、4人の乗員がエンジン後部の始動クランクを握り、全力を振り絞って時計方向にクランクをまわし込む❻。この動作によってエンジンの全動力がシャフトに連動し、スプロケットとチェーンドライブにつながるので、操縦手によって接続されるシャフトと同調してスプロケットに動力が伝達されるようになる。エンジンに点火したら、即座に始動ハンドルの操作を停止し、操縦手は慎重に接続レバーをリリースして、アドバンス／リタードレバーを前に入れる❼。
エンジンのウォームアップとオイルの潤滑は、通常は10分程度を必要とした。この10分が経過する間に、操縦手はアドバンスレバーを中間位置に移動させて、戦車の移動準備が完了する❽。

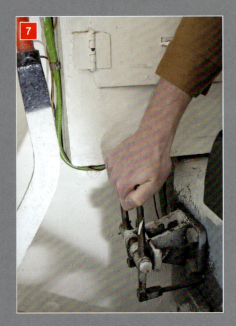

戦車の車内の騒音は、この時点で危険という域を超えている。騒音によって乗員の声はまったく聞こえず、会話によるコミュニケーションは不可能なので、乗員はそれぞれ操縦手のサインを見て適切な判断をすることに集中した。これは訓練の賜であった。そして操縦手は右脚でクラッチペダルを踏み込み、これと合わせて右手で把持したレバーを操作して駆動力を追加するのである **9**。右手レバーが押し込まれたら、操縦手は左手レバーでプライマリ・ギアボックスの1速にギアを入れる。操縦手の背後、車内後方には2人の操舵手（第2ギアの操作手）がいて、彼らは操縦手からのサインを予期して、それぞれ担当しているギアボックスの1速ギアを選択し **10**、これを受けてクラッチがつながると、激しいショックの発生とともに戦車は移動を開始するのである。実際問題としては、戦車の車内にいる乗員には戦車が適切に移動しているかどうか判断するのは非常に困難であった。この確認が可能なのは、車体正面の視察孔から外を見られる車長と操縦手 **11** だけであった。この2人は、履帯がゆっくりと動きながらアイドラー・ホイールを周回する様子を確認できたのだ。

この時点で、エンジンはかなりの発熱をしているために、車内の温度は上昇し、様々な場所に繋がっている配管からはガスが漏れはじめるので、車内の環境は著しく悪化する。この暑苦しくて、うるさく、耐えがたい臭気の環境の中で、戦車兵は1日中、任務に就いていなければならなかったのだ。

車体を旋回しなければならない――当時の用語なら「戦車をスイング」する――場合、操縦手には3つの選択肢があった。左右への緩やかな方向転換であれば、その操作は操縦手の左に座っている車長にゆだねられた。車長は左右のブレーキレバーを使ってファイナル・ドライブを操作できる

ので、例えば左のブレーキレバーを引けば**12**、戦車は緩やかに左に旋回する。右レバーを使えば、同じ原理で右旋回が発生するのである。しかしこのブレーキを使った方向操作はやがて使われなくなった。戦車を急制動するとき以外はほとんど使い物にならないことが判明したからだ。

教本ではディファレンシャルのロックを作動させずに急旋回するための方法として、セカンダリ・ギアのギア比を変更する方法を推奨していた。例えば右に旋回したい場合は、右側の操舵手はギア比をハイに入れて**13**、反対の左操舵手はローに入れるのだ。この際に、右側の履帯のステアリング・ブレーキを補助に使えば、戦車は左の履帯によって旋回するのである。右旋回したければ、この手順を反対にするだけでよい。しかしこの操作はトランスミッションを損傷させてしまうことが判明すると、やがて使われなくなった。そもそも教本には「急速旋回」方法として説明されていたこの方法でさえ、ギアの操作時は戦車を停止させる必要があったので、「緊急旋回」とは用語の問題に過ぎなかったことが分かる。

3番目が最も一般的な方法である。まず戦車を停止させて、操縦手は左肩の上にある両手レバーを引いてディファレンシャルをロックし**14**、方向転換したい側の操舵手にニュートラル・ギアに入れるよう指示を出すのである。ニュートラルに入った側の履帯フレームはブレーキがかかった状態なので、プライマリ・ギアボックスで1速に入れられた側を使って戦車はその場で旋回するのだ。そして戦車が適切な方向に旋回したら、再びここで説明したような直線の動作を繰り返すのである。

◀背もたれが撤去された状態の車長席。席のすぐ前にあるのはステアリング・ブレーキの2本のレバーで、そこから右に向かっては、前進2速、後退1速のプライマリ・ギアがある。操縦手席手前の横向きのレバーはクランクハンドル・ドライブに連結し、その駆動力をスプロケットとチェーンの末端からエンジンのクランクシャフトまで伝達する。

▲エンジン始動クランクがつながれたディファレンシャルのケーシング。前面が銀色で塗装されている。右側に突き出しているのはディファレンシャル・ロックと連動したリンク。背後には密閉式ラジエーターのケーシングと、冷却ファン用のカバーも確認できる。左手には6ポンド砲弾用弾架と木製の当て木が確認できる。

▲▲左舷側のセカンダリ・ギア装置。開口部の中は暗くて識別は困難であるが、エンボス加工された赤色のプレートによって機能は分かるようになっている。上側の円形の開口部は重力式の潤滑タンクで、パイプとタップからギアが潤滑される。

書き残した戦車長がいれば、たいていは操縦、操向に携わっていた乗員について記述の多くを割く傾向にある。例えばそれが行軍に関することであっても、実際に戦車を動かすには厳しい操作をこなさねばならず、準備にも多大な労力をかけねばならないからだ。ダグラス・ブラウンは直面した様々な困難を克服した、自車の「操縦手」の技量を繰り返し賞賛しているし、危険な行軍でこの操縦手を酷使しなければならない状況を嘆いていた。こうした記述を総合すると、車両ごとに一人は、戦車の操向や制御について、他の乗員より抜きん出て詳しい人間がいたことになる。1918年3月から4月のドイツ軍の大攻勢に際して、操縦手と操向関連の兵士が戦車とともに後退し、車長を含む残りの乗員がルイス機関銃を持って前線に残ったのも、戦車の操作が大がかりな特殊技能であったためだ。

セカンダリ・ギアのレバーはスポンソンのすぐ後の、両側の履帯フレームの開口部に設けられていたが、これが戦前にフォスター社が販売していたトラクター用エンジンのフットペダルに据えられていたギアレバーと酷似していたことは、驚くにはあたらないだろう。左右の履帯フレームにはそれぞれトグル装置を備えた2つのレバーがあった。一度に1つのギアしか選択できないようになっていたものの、伝統的な方形カットのギアであるため大変に操作が重く、たとえ戦車を停止してクラッチを切っていても、ギア変更は容易ではなかった。

操縦中に履帯フレームの片側ないし両側でギアがニュートラルに入った場合、ディファレンシャルをロックして、駆動部が動力を失うのを防がねばならなかった。こうして通常の状況では自然な機能であったディファレンシャル・ギアの抵抗を最小限にとどめていた。この手順でディファレンシャルをロックすることで、ギアの有無とは関係なく、両方のハーフシャフトに動力が維持されたので、戦車には駆動状態の履帯の動きが反映されたのであった。ディファレンシャル・ロックのレバーは操縦手席のある操縦室の天井に備わっていたので、操縦手ないし車長はこれを簡単に操作できた。レバーがディファレンシャルのケーシングに連動した装置に繋がり、稼働時には、ディファレンシャル機構を正しくロックして、通常動作をするのを妨げた。

ディファレンシャルのケーシングの背後には、プライマリ・ギアボックスからの入力シャフトと直結していて、操縦席のフットペダルと連動したシャフトによって作動する、ブレーキドラム内にセットされた、短めの延長シャフトが備わっていた。これが戦車のメインのブレーキであり、両側の履帯フレームへの動力伝達が適切に作動していれば、非常に効率的であった。これは機構的にはトランスミッション・ブレーキであったが、教本において繰り返し指摘されているように、もしエンジンからセカンダリ・ギアボックスを経由して履帯までの動力ラインが完全に噛合していれば、充分に優れた仕組みであった。ところが、もし傾斜地が多い戦場でトランスミッション・ブレーキが効果を発揮しなくなり、車長が操作するステアリング・ブレーキも駄目になると、戦車は地面

◀マークⅣ戦車のオス型とメス型による、様々な障害物が用意された戦車競技。1917年7月、国王ジョージⅤ世がニーヴ＝エグリーズを訪問した際に実施された。フランスで戦車軍団を指揮していたヒュー・エルス准将もこれに隣席していた。

の傾斜に沿って暴走して、悲惨な結果へと陥った。もっともそれほど起伏が激しくない戦場であれば、ブレーキを使用する必要はほとんどなかった。クラッチを外してしまえば、ギアやローラー、履帯の摩擦によって、戦車は勝手に停止したのである。

K大隊（ないし第11戦車大隊所属）のある熟練操縦手は、1918年の出来事として、マークⅣ戦車を操縦して、マークⅤ＊重戦車にペースを合わせて行軍できたことを書いている。追加重量などもあってマークⅤ＊重戦車はマークⅣ戦車より速度は遅いものの、ウォルター・ウィルソンが考案した新式の操向装置に更新されていたので、操作性は格段に向上していたにもかかわらずだ。K大隊の戦闘日誌には、有能な乗員が操作すれば、マークⅣ戦車は停止しなくてもギアチェンジだけで操向できると書かれている。この記述は、有能な操縦手というより、よく訓練された乗員たちの存在をうかがわせる。戦車を停止させなくてもギアチェンジができるほど息がぴったり合ったチームがいたと考えると興味深い。

夜間の操縦に関しては、恐ろしい話がいくつも伝えられている。例えば集合地点への移動時のことでは、第三次イープル戦での勇敢な行為でミリタリー・クロスを受勲し、さらにカンブレーでは小隊長としての働きで勲章に線賞を追加されていた、B大隊（第2大隊）のバジル・グローヴス大尉は、戦車長が戦車の前を歩いて先導するのは当然のことであったと記述している。鉄条網や泥濘に足を取られたりする危険はもちろん、これに操縦手の居眠りが重なったりすれば、命を落としかねなかった。実際、グローヴス大尉は、夜間行軍中に戦車を先導中に落命した戦車長を5〜6人は数えられると断言している。またグローヴスは一部の士官が、緑と赤色のサーチライトを背中に背負い、腰にまわしたスイッチでライトを操作しながら追随してくる戦車への合図に使っていたと述べている。これらの情報は操縦手に不可欠であった。特に、戦闘に先立っての攻撃準備時には、自分の戦車が配置された周辺の味方の塹壕や陣地の正確な位置を把握するだけでなく、守備兵の配置場所や前線付近での障害物を避けねばならないからだ。

おそらく、この少しは洗練された程度の誘導手段については、多かれ少なかれ、誰もが似たような工夫を重ねていたようだ。グローヴスによれば、ハンカチを使ってランタンの明かりに濃淡を加えたり、手に持ったガラス板を使って伝達する明かりの色に変化を加えた例もあるからだ。カンブレーの戦いでH大隊（第8大隊）の中隊長を務めていたジェラルド・ハントバック少佐は、配下の戦車を翌朝の攻撃開始地点に誘導するために赤と緑のランプを使用したことを書き残している。また、いずれも戦車を誘導するために用意された白いテープの効果について、ここで採りあげた2人の士官はいずれも否定的な見方をしている。ハントバック少佐によれば、配下の戦車が移動している間に、誘導用のテープはどこかに吹き飛ばされてしまい、彼はコンパスや彼の記憶、そして究極的には運に頼って、戦車を誘導しなければならなかったと述懐している。

4枚の革製部材をリベット留めして作られた戦車兵用の革製ヘルメットで、同じく革製のあご紐とコルク製の留め具を使って頭から脱げないようになっていた。この革製ヘルメットは戦車導入直後に支給されたが、乗員が戦車に乗っていないときに着用していると、ドイツ兵が着用しているピッケルヘルメットに間違えられてしまう恐れがあり、評判が悪かった。

ディマシオ軍曹が着用していた戦車兵用のフェイスマスクの一例。支給時に付けられていた紙片には「顔に合わせて、各自で折り曲げること」と書かれていた。

このマスクは、弾丸の破片から戦車兵の顔を守るための試みであった。戦車内では、砲弾などが命中した際に車内に飛び散る装具や折れ散った装甲の破片、あるいは視察孔や装甲の隙間から跳び込んだ弾丸の破片などで負傷する恐れが常にあった。

パフォーマンス

　公式の資料によればマーク.Ⅳ戦車の速度は、1速で時速0.75マイル（約1.2km）、2速で時速1.3マイル（約2km）、3速で時速2.1マイル（約3,4km）、トップの四速で時速3.7マイル（約6km）とされている。しかし公式の数字はそれほどあてにはならない。というのも、この数字より明らかに高い性能を発揮している戦車が存在しているが、それは他の要素、つまり行き届いた手入れの良さや、乗員の練度、そして長い下りの斜面といった外的要因に左右されているからだ。

　傾斜地の登攀の例は戦車軍団第4大隊のマークⅣ戦車の数字が残っているが、この場合、乾燥状態の地面では1/2（約45度）の勾配に対処できた。これが濡れた地面だと1/2.5（約36度）、泥濘では1/4（約22.5度）に低下した。しかし、これらの数字は長い傾斜地での連続的な試験によって導かれた数字ではある。1/2を超える傾斜に挑む場合には、ごく短時間でなければ問題外であった。履帯フレームの前部先端がかなり高い位置にある設計によって、マークⅣ戦車は6フィート（約1.8m）の垂直の段差ないし、12フィート（約3.6m）の45度の傾斜面を移動できた。また地面の状態にもよるが、戦車は12～15フィート（3.6～4.5m）の落下に耐えられる。しかし、この場合は、捕まるところがない乗員にとっては厳しい経験となっただろう。

　マークⅣ戦車の超壕能力は10フィート（約3m）とされているが、第4大隊の兵士が残した記録には11フィート（約3.3m）と記載されている。しかしこれは塹壕の状態による。例えば塹壕の地盤が脆かったり、標準的な構造ではなかったら、戦車は塹壕に落ち込みやすくなるかも知れないし、操縦手や乗員の練度も計算しなければならない。第4大隊ではマークⅣ戦車が深さ18インチ（約45cm）までの水の中でなら運用可能であることを確認している。しかしダグラス・ブラウンによれば、第三次イープル戦の際に、クラッチ機構に水が入ッタ戦車は動かなくなったと報告している。

視察と航法

　すべての開口部を閉じると、戦車の車内は暗くて蒸し暑く、うるさい場所となる。あまりの騒音のひどさに、乗員同士が会話によってコミュニケーションをとることはできない。もっとも、このひどい騒音のおかげで、機関銃の弾が戦車の装甲板に命中した際に生じる、ぞっとするような規則的な金属音も

▲マークⅣ戦車の操縦室を真正面から見る。二重フラップのバイザーが半開きになっている様子。バイザーの上部とその間の縦のスロットの内側には、リフレクター・ボックスがある。

聞かずに済むのである。しかし装甲を叩く弾丸の音は、戦車と内部の乗員が死や負傷と隣り合わせにいるサインでもある。こうした徴候を見落とさないために、誰かが戦車の外の様子を観察する必要がある。そこで、操縦手は戦車の進行方向の様子を把握するために前方に目をこらしていた。車長も同様の監視とともに、戦車の内外の状況を総合的に判断するよう務めていたし、砲手や機関銃手は敵を探していなければならなかった。

このような視認性を確保するために、戦車には様々な装置や機器が導入されていた。まず車長と操縦手の正面にはヒンジ留めされていた大型フラップがあり、安全と判断できる状況であれば大きく開放することもできたし、各々の判断で開口部を絞り、完全に密閉することもできた。もっともフラップを完全に閉じた場合、操縦室に押し込められた2人は、出来が悪い間接視察装置を使うか、天井に付けられた視野が狭いペリスコープを使うしか、前方の様子を確認する方法がなかった。

初期の戦車では、操縦室の2人には安全ガラスの一種であるトリプレックス製のガラスブロックが支給されていた。このガラスブロックは防弾製であると喧伝されていたが、激しい戦闘時おける保証はされていなかった。このガラスはひびが入ったり、欠けたりして使い物にならなくなるまで酷使される前提の部品であるが、常に破片などが目を負傷する恐れがあった。このガラスブロックは間もなくメタル・ポケットとして知られる別の装置に交換された。このポケットにしつらえられたリフレクター・ボックスの中には2枚のよく研磨された金属製の鏡が入っていて、外部の像を反射

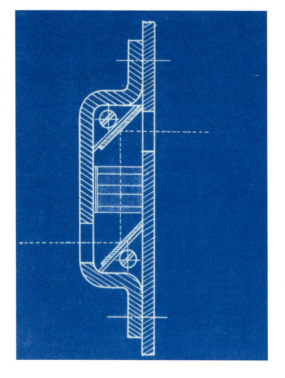

◀リフレクター・ボックスの設計図の一部。点線は鏡面で反射される像の動きを示している。鏡面は溝に沿ってスライドして取り外しができるので、破損しても簡単に交換できた。

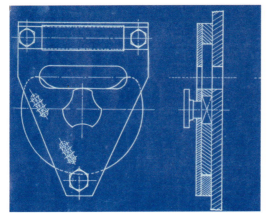

▲▲車体後部の天井ハッチのピストルポートから手持ち式ペリスコープを使用している様子。この道具を使えば戦車の周囲をすべて視察可能である。また写真の右上に別のピストルポートが確認できる。

▲セクター・プレートの設計図で、上部のスロットに合致するディスクの6個の穴の位置や配列と、このディスクを回転させるノブの構造が確認できる。

◀戦車用の手持ち式ペリスコープ。

させて使用者の目に届ける、簡易的な潜望鏡の役割を果たすようになっていた。構造が単純なので、破損したら古い鏡面を簡単に取り外し、新しい部品と交換するだけで機能を回復できるというのが利点であった。このように構造的には優れた装置であったが、視野角が狭いという欠点があった。

操縦手と車長にはペリスコープも支給された（ロンドンのR.&J.ベック社製が標準）。これは全長が18インチ（約45cm）の真鍮製の円筒で、操縦室の天井に開けられた開口部を通じて外を視察できる。ゴム製のグロメットが用意されていて、使用時にはペリスコープと点視孔との隙間をふさぎ、雨水の侵入を防いだり、振動がペリスコープに伝わるのを抑える役割をした。またグロメットを軸に自由に向きを変えることができるので、理論上は操縦室から四方を視察できた。また、このペリスコープは破損しやすかったので、各車両に予備を含め6個が割り当てられていて、必要があれば自由に交換できた。ほとんどの戦車では、操縦室の天井のペリスコープ用点視孔は、使用しない間は、ピストルポートに取り付けられていたのと同じような防弾プレートで覆われていた。

ピストルポートのところでも言及するが、車内の各所にあるサイズが大きな銃眼も、かなり危険ではあるが視察孔として使える。オス型で16カ所、メス型は17カ所ある涙滴型の銃眼は、車内のレバーで開閉できる装甲製の蓋がついている。非常にシンプルな構造の使いやすい銃眼であり、大きさも抑制されていたが、機関銃弾が跳び込んでくる危険性は充分にあるため、常に蓋は落とされていた。

初期の戦車では敵歩兵が死角から車体によじ登り、天井のピストルポートや銃眼から車内を撃ってくることがあったので、この経験を踏まえて、戦車兵は全員、護身用にリボルバー拳銃を支給されていた。しかし、この銃眼はむしろ戦闘中に視察孔として使われることの方が多かったことが、戦車兵の証言などからうかがえる。例えば操縦室の左側面のピストルポートは、同じ小隊の戦車が適切な位置や速度で追随しているか確認するのに不可欠なものとなっていた。

操縦室ではなく、スポンソンやその開閉部には「セクター・プレート」と呼ばれた、回転式の点視孔カバーを改良した視察装置が備わっていた。マークⅣ号戦車に装着されたこの装置は、上辺の少し下にスロットが開けられていた逆三角形の金属製プレートで、車体の内側に取り付けられていた。プレートが設けられた位置の戦車の装甲にもこのスロットと同じ形の穴が開けられていて外が見えるようになっていて、装甲とプレートの間に回転する装甲製のディスクが挟まれていた。そしてこの円盤を附属のノブで回転させることによって、戦車兵は外への視野を選べるのである。危険が少ない好条件の場合は、このディスクが視線を妨げない位置にまわしておけば、スロットを完全に開放して車外を視察できた。しかし敵砲火などの危険が発生したら、ディスクを回転させる。ディスクの一部には細かな穴が開けられた場所があって、これとスロットを合わせることにより、安全性を確保しつつ、使用者に一定の視野を提供できたのである。ディスクの穴は小さいが、

◀◀初期のマークⅣ戦車には木箱に収められた船舶用コンパスが支給された。水平を維持するようにジンバルが据えられていたが、戦車の車体の金属の影響を受けやすかった。

◀陸軍航空隊で使用されていた259型航空コンパスは、後期生産ロットのマークⅣ戦車に採用された。

想像よりもかなり良好な視界が得られる。安全性優先で装甲ディスクの穴の空いていない部位で完全に塞いでしまうというのが、3番目の選択肢である。

もちろん、戦車の外側を視察できるということと、同じ小隊の他の戦車がどこにいて、どのような意図で行動しているのか知ることは、別の問題である。作戦開始前には、各戦車長と小隊長は打ち合わせをして、障害物の位置や作戦地域の大雑把な地形、そして自然障害などの確認をしていた。しかし、作戦が始まってしまえば、実質的な進路の指示は戦車の中でしかこなせなかった。実際に目の当たりにしなければ信じられないことであるが、各戦車には進路を確認する航法用のコンパスが与えられていた。ところが、このコンパスは役に立つどころか、厄介事の種であった。ダグラス・ブラウンは、コンパスが完全に狂った時の出来事を書いている。コンパスは船のような大型の構造物に据えられた場合でも、その船体の金属自体が持つ磁気の影響を相殺するために、別の磁石を適切に配置しなければならない。ところが戦車の車内の場合、船とは異なる磁気の問題が生じる。

というのも戦車自体の質量と、エンジンとその点火装置で使われている磁石がコンパスに悪影響を及ぼすのである。振動や乱暴な動きがコンパスの大敵であるのは無論のこと、ギアチェンジのような単純な動作でさえ、機器の磁力に影響をおよぼし、これがコンパスの精度を損なってしまうのである。マークⅠ戦車から初期のマークⅣ戦車までは、ジンバルが据えられた木箱と一緒に小型舟艇用コンパスが支給されていた。しかしこのようなかさばるコンパスを置くスペースは車内にはなく、結果として多くが破損してしまった。そこで259型航空コンパスが支給された。このコンパスは簡単に確認できるように との狙いで、操縦室の操縦手席の正面付近に据えられた。従来型の水平型の指針面を持つ船舶用のコンパスと違って、これは垂直型の指針面を備えていた。しかし、そもそもステアリングを直接制御できない操縦手の正面になぜこのコンパスが据えられたのか、理由は判然としない。考えられるのは、操縦手に委ねなければならないほど、車長が他の作業や確認で手一杯であったということだろうか。

また各戦車にはかなり高品質のウォットフォード時計が支給されていて、通常は車長の正面上部

▼戦車内にかけられた地図版。単純だけに使いやすかった。

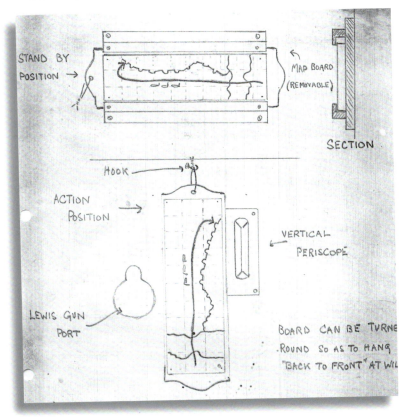

にかけられていた。残念なことに、需要が大きな装備であったため、間もなく戦車には支給されなくなり、替わりに車長に時計が支給された。他にも車長の近辺には、地図板もかけられていた。素材は木製で、戦車が進むべきルートが記載された担当地区の作戦地図が貼られていた。紐を使ってぶら下げられていただけなので、地図の交換するときなどに簡単に取り外しができた。このような装備以外に、車長は顕著な地上の目標の存在を意識することが求められていた。例えばダグラス・ブラウンによれば、イープルの戦場でよく目立っていた木が移動時などの位置確認に使われることが多く、これが倒れたりしたらどうなるか心配であったとのことだ。

戦場における航法を補助するものとしては、手書き、あるいは写真によるパノラマ風景の記録も使われた。教会の尖塔など、目立つ建物や地図要素が描き入れられた一種の風景画である。ただしダグラス・ブラウンは、これを懐疑的な目で見ていた。というのも、実際に目視されるものや地形とイラストとの関連が弱く、戦車長の間で同じものを見ていても、感じている印象は決して一致を見なかったからだ。

さらに後日の時点で生存していたマークⅣ戦車には、ハーディング製の6桁の距離計が支給された。これはヤード式で調整されていて、左舷側の駆動チェーンで操作されるようになっていた。しかし、実際に車内のどこに備わっていたか、正確には分からない。他の乗員よりも操縦手や車長が使用すべき装置であったとも想像されるが、現存車両にこの装置が残されていないので、答えは不明なのである。

鉄道輸送

頻繁に発生する摩耗や構造の歪みや破損、苦痛をともなう低速性能などの様々な理由から、戦車の長距離移動には鉄道輸送が用いられた。製造工場から試験場まで、あるいは試験場から港へ、さらにフランスの港から戦車軍団の巨大な野戦工廠、そしてテルノワーズ渓谷の補給廠まで、陸上の戦車は常に鉄道で運ばれたのである。

程度にもよるが、戦車が参加した戦闘の大半は、入念な準備を要した攻勢作戦の一環であったため、事前に特定地域にかなりの数の戦車を輸送しなければならなかった。実情としては、戦車は様々な場所で少数ずつが必要とされていたのであったが、分散して使うには、兵站の負担が大きすぎたのだ。

戦車はスポンソンを装着した状態だとイギリスの鉄道積載ゲージを超過してしまうため、鉄道輸送用に改造が必要であった。マークⅣ戦車が出現する前は、スポンソンをボルトで着脱できる構造にして、これを特別な貨車で運ぶことで凌いでいた。しかしマークⅣ戦車の開発においては、スポンソンを車内に引き込めるように改造し、戦車の車体が貨車の制限サイズ以内におさまるように工夫したのである。これは困難かつ危険なものになりかねなかったが、経験を積んだ乗員の手にかかる限り、それほど難しい作業とは見なされなかった。

一方、根本的な問題として、まず戦車を輸送するのに適切な貨車が絶望的に不足していた。1台の貨車には戦車1両しか積載できず、通常の貨物用機関車は、戦車の装備一式を積んだ上で、最大12両までのマークⅣ戦車しか牽引できなかった。この時の戦車以外の貨物には、士官用の客車、2両の兵員用の有蓋貨車、3両の通常の貨物車、2両の緩急車が含まれた。戦車の輸送用にイギリスとフランスのそれぞれでかき集められた大型貨車は、20〜25トン用貨車が大半であったが、重量28トンの戦車を輸送するには能力不足であった。結果、輸送中に中央付近で貨車がたわみ、後続の貨車から戦車が脱落する事故も起こった。グレート・ウェスタン鉄道会社が運用している30トン級の貨車などは、マークⅣ戦車の輸送に適切であったが、他の輸送任務でも引っ張りだこであった。これらの貨車とは別に、線路を運搬するための特殊な貨車が戦車輸送に使われたが、本来の作業だけでも手一杯だったことに加えて、両端がオーバーハングしている構造であったために、戦車を乗せるまでが一苦労であった。

この少し後に、鉄道執行委員会（REC）の設計

▼リンカーンを出発する直前の戦車輸送の車列。戦車はシートで覆われている。修正前のオリジナルの写真では、遠方にリンカーンの大聖堂が写っていた。

▲カンブレーの戦いの後、生き残った戦車は鉄道によって前線から退けられた。写真はおそらく側面から戦車を乗せる方式の貨車であろう。

▼A大隊所属、カンブレーの戦いに先立ち、ファシーンを積載したマークⅣ戦車（オス型）「Auld Reekie」。ちょうど、貨車の上を伝って別の貨車に移動する最中の写真であるが、フランス製のEtat型貨車の中央部が、戦車の重量によってたわんでいるのが確認できる。

で、RECTANKSとして知られる貨車の導入が決まり、イギリスで製造された。これは40トンの積載能力を持つ貨車であった。また同委員会は、列車の最後尾に連結してランプウェイとして使用できる四輪の貨車を設計しているが、これが戦時中に使用されたかどうか、今ひとつはっきりとしない。さらに同時期には、45トンの輸送能力を備えた貨車も出現していた。これは開発時には「パロット」と呼ばれていたが、一般的にはWARFLAT（ウォーフラット：戦時平台貨車）と呼ばれていた。RECTANKSとWARFLATはいずれも、積載された戦車が、貨車から別の貨車に移動する際にかかる荷重を取り除くために、貨車の両端にスクリュー式のジャッキを備えていた。

車載可能な可動式のランプウェイもこの間に登場していて、おそらく数両の戦車を貨車から地面に降ろす際には便利であったかもしれないが、第一次世界大戦の戦場で求められていた条件には合致していなかった。したがって、戦車の輸送においては、通常は鉄道線路の脇に直接、半永久的に使えるランプウェイを構築するようにしていた。例えばカンブレーのように数百両単位の戦車が集められた戦いでは、次々に到着する輸送列車から効率よく戦車を降ろすために、鉄道の末端に特別なランプウェイが用意されていたのである。

戦車を鉄道貨車に乗せるのは、大変に慎重を要する作業であったが、適切なクレーンが使用でき

る場合は、作業は大幅に楽になった。もっとも望ましい積載方法は、貨物列車の末端に接続するランプウェイを使ったもので、ランプウェイから貨車の末端に乗り込んだ戦車は、そのままゆっくり前進して前方の貨車に向かう。これに別の戦車も繰り返して、順次、列車の先頭に移動して、すべての貨車が埋まるまでこれを続けるのである。最初は、戦車を貨車の中心に置くのは困難であると考えられていて、高度な技術を持つエンジニアに解決を委ねる案も浮上していた。しかし、適切な能力がある操縦手が慎重に操縦すれば、それほど難しいことではなかった。

目的地につくと、今度は戦車の降車作業を容易にするために、列車は後尾をランプに向けるように引き込まれた。覚えておいてほしいのは、この作業の大半が夜間、それも最小限度の照明しか許されない環境で実施されたにもかかわらず、ほとんど事故が起こっていないことだ。ボーヴィントンのキャンプからクラウド・ヒルまで続く道路に沿って、両端がランプになっているコンクリート製のプラットフォームがある。ここでは戦争の間、戦車の操縦手に対して貨車への乗降訓練がおこなわれていた。

第一次世界大戦中は、貨車の側面から乗降が可能な場所があっても、貨車の末尾からの乗降が好まれていたようである。横からの乗車は、操縦の難しさからマークⅣ戦車までの初期の戦車には困難であった。慎重に操縦しなければ貨車を破損しかねないので、第一次世界大戦時の条件では末端からの乗車が標準的とされたのである。実作業の計測によれば、木材を使った傾斜約13度のランプを作るには、20人の男が10時間をかける必要があった。また状況によっては、他の列車の運行を妨げないように、ランプを撤去する時間も考慮して、もっと短時間で建設しなければならないこともあった。またランプの基部からかなりの距離、木材を使った地盤を作る必要もあった。そうしないと、後続する戦車によってランプの基部の地面が掘り起こされてしまい、これが深くなりすぎるとトラブルを引き起こしかねないからだ。

カンブレーの戦いの準備として、9日間に各々12両の戦車を積載した列車24本が集中した。各地からカンブレーに集結した戦車大隊の輸送列車はフランス語でプラトゥー、すなわち「トレイ」と呼ばれた、どの方面から到着しても使える戦車用のランプウェイが設置されていた。そしてプラトゥーで一旦降車した戦車は、ファシーンを積載すると、ふたたび列車に乗せられて各々の割り当ての前進陣地まで運ばれたのである。ベルタンクールとウディクールを除く場所のランプでは、戦車はすべて貨車の横から降ろされた。この降車方法をとるためにカンブレーの作戦に割り当てられた貨物列車は、MACAW B型と呼ばれるグレート・ウエスタン鉄道会社製であり、フランス製のEtat型をはじめとする他の形の貨車は割り当てられなかったことがわかる。

この戦車の移動の大半が夜間に実施されていたことを考えると、事故件数は少なかった。この間の事故は11月14日と16日、それぞれ戦車を輸送中の列車が起こしたものである。最初の事故は、イトル近郊で線路を横断中のトレーラーに列車が衝突したもので、次の事故は、兵員を満載してプラトゥーに向かう途中の貨車に衝突して、こちらは死者2名、負傷者8名を出した。プラトゥーから前線の鉄道末端に向かう途中の列車運行を調整するために、緊急時対応計画が用意された。もし貨車が使用不能になった場合は、戦車は貨車の上で90度の旋回をして直接地面に降車する。その際に生じる故障や破損は度外視するというものであった。その後で、壊れた貨車を線路から外し、事故列車を復旧するのである。地面に降ろされた戦車のその後の扱いは説明されていない。

鉄道輸送を監督したのは、イギリス海外派遣軍の鉄道運用部であったが、マークⅣ戦車の輸送に関しては戦車軍団の要求が強く反映されていた。それでも、戦車の鉄道輸送については、カンブレーで採用された基本原則がその後の作戦や運用において基本モデルとなった。ランプウェイは戦車が使うには充

▼ピーターボローのベーカー・パーキンス工場にて、スポンソンを車内に格納した状態のマークⅣ戦車が貨車乗車用のプラットホームに向かって動き出した場面。それ以外の詳細は写真からは読み取れない。

▲カンブレーの戦いに先立ち、プラトゥーにて鉄道に乗せられるのを待っている戦車。各々がファシーンを積載している。ランプの構造が分かる。

分な耐久性を備えていたが、どれほど速度を落としたとしても、全体で600トンを積載した貨物列車の緩衝装置としては充分ではなかったので、戦車を降ろす前の停車位置の調整には神経を使った。また、移動中の戦車が線路に乗り上げれば、これを簡単に破壊してしまうため、作戦地域に線路がある場合は、慎重な偵察が必要であった。

◀戦車が横断すると線路、特に写真のような狭軌式の線路は簡単に破壊されてしまう。したがって事前に戦車が横断するための工夫がされたが、常にこのような準備ができたわけではない。

【第6章】
戦場の戦車

戦車にとっては戦場での活躍こそがすべてである。最初、軍上層部の保守派から疑いの目で見られていた戦車は、第三次イープル戦ではせいぜい補助戦力になれば充分という使われ方であった。そしてカンブレーの戦いでは戦場の支配者となり、将来の発展を約束されたのであった。

◀戦車の存在感。戦車博物館にあるレプリカによる展示。マット・サンプソンの写真はシンプルな構図だが、戦車の機能美を最大の効果によって演出している。

▶1917年11月の第三次ガザの戦いにおいて、パレスチナ戦線に派遣されていたマークⅣ戦車（メス型）の「War BabyⅡ」号。

マークⅣ戦車の軍事行動

■中東戦域の戦車

　第一次世界大戦の戦車軍団に関しては、かなり古くから戦記本が存在する。クロフ・ウィリアムズ＝エリスの1919年の書籍、あるいはJ.F.C.フラーの1920年に出版された世界大戦における戦車についての本が有名だ。また、半ば公式の戦車軍団に関する部隊史もある。

　本質的に、これらの戦記では、1916年末を目処に準備されてからエジプトに送られた戦車は、古い試験車両であり誤りであったとして結ばれる。戦車軍団の部隊史には、最初にマークⅣ戦車が送られていたかのように示唆する記述がある。しかし、最初に出荷された戦車がイギリスを去った時点で、マークⅣ戦車はまだ存在しないので、この想定は意味をなさないし、「試験車両であった」という主張については、これを関係者がどのように解釈するかにかかっている。実際に起こったことは、通常とはやや異なる経過をたどっているようだ。

　中東戦域に戦車を派遣するという決定は、1916年9月のソンムの戦いでデビューしたイギリス軍の戦車がわずかな戦果しか上げられなかったことに起因する。それまでサフォークのエルヴデンで訓練に使われていた、中古のくたびれた戦車8両が、ノーマン・ナット少佐の指揮下でE大隊を編成し、1917年1月にエジプトに出航した。ナット少佐の分遣隊は、戦車を稼働させ続けるのに成功したことから、彼らが費やしたであろう労力について賞賛された。加えて彼らは、砂漠では履帯にグリースを供給しない方が戦車がよく動くという発見をした。

　アーチボルド・マレー中将の指揮下にあったエジプト派遣軍は、トルコ軍が要塞化していたガザを目指して、シナイ砂漠をのろのろと横断しながら進軍していたが、規模が小さな軍であった。戦車は鉄道輸送でこの本隊を追い、カン・ユニスで降車したが、その時にはアーチボルド将軍の最初のガザ攻撃には間に合わなかった。しかし1917年4月17日の2度目の攻撃に参加、この作戦で1両が全損し、19日にはさらに2両が破壊された。しかし全体的には中古戦車で、速度も遅かったにもかかわらず、実力を遺憾なく発揮したと評価できる。

　1917年6月、エジプト派遣軍の司令官は、アーチボルド・マレー将軍からエドモンド・アレンビー将軍に交代したが、膠着状態の打破を期待されていた将軍には、かなりの増援が与えられていた。第二次

▼パレスチナ線戦で貨車に乗る「War NanyⅡ」。線路の脇に障害物が一切ないので、スポンソンを取り外す必要がない。しかし輸送中の暑さ対策として、下側のハッチは開けたままにされた。

◀パレスチナに派遣されたマークⅠ戦車とマークⅣ戦車。おそらく最後の任務を終えて、次の運命を待つために兵器廠に集められていたときの様子だろう。

ガザの戦いで失われた3両のマークⅠ戦車は、オス型2両、メス型1両の、合計3両のマークⅣ戦車によって補充されて、再度、エジプトの戦車部隊は8両になっていた。アレンビーは1917年4月のアラスの戦いにおける戦車部隊の戦果しか見ておらず、今回の戦車部隊の規模はずっと小さかった。加えて今回の遠征軍には強力な騎兵部隊と砲兵部隊がいたので、戦車の活躍の余地はなく解散させられたとの説もある一方、戦車の噂話やプロパガンダを真に受けて、戦車に不可能はないと信じていた兵士も多かったようだ。

実際は、第三次ガザの戦いで戦車が投入されることになり、1917年11月1日の深夜に作戦開始、戦車部隊の各々の戦車には、弾薬、物資の運搬と、トルコ軍陣地を攻撃する歩兵の支援に関する、膨大な量の任務が割り当てられていた。戦車部隊はこれをほぼ達成したようである。ほとんどの戦車が作戦中に動かなくなってしまったが、戦闘終了後、すべてが回収、修理されて、使用可能な状態に戻された。

以後、戦車部隊は中東では使用されなかった。この地域での戦闘は、同年末のイェルサレム占領まで装甲車や騎兵が主力として活躍する機動戦に移行したからだ。バジル・リデル・ハート（"The Tanks vol.1"カッセル、1959年）によれば、第三次ガザの戦いのあとで戦車部隊は解散となり、戦車兵たちはナット少佐とともに帰国したとされている。戦車は現地の兵器廠で保管されたはずだが、後の運命は記録されていない。

■ **第三次イープル戦とコッククロフトの戦い**

イープル周辺は平坦で、水はけが悪い土地であった。戦車軍団の参謀を務めていたJ.F.C.フラーは、ここで戦車を使うという軍の判断を批判し、文章では上層部批判も繰り広げた。しかし1917年夏には戦車の投入は避けがたい戦況となっていた。作戦の立案段階では、戦車と歩兵の協同作戦が重視されていて、互いの通信連絡の手段として、色つきの円盤を棒に刺して使用する方法も考案された。この円盤の色の意味については、第7戦車大隊の各士官に配布された書類の中で説明されており、1917年7月の大隊の戦闘日誌には次のように説明されている。

■ 緑の円盤「鉄条網　切断」
■ 赤の円盤「鉄条網　未切断」
■ 緑の円盤の上に赤の円盤　「作戦目標に到達」
■ 赤の円盤の上に白の円盤　歩兵に対して「敵は待避壕にあり」（後には赤い円盤3枚で「行動不能

▼1917年6月7日のメシーヌの戦いは、マークⅣ戦車の初陣であり、写真は歩兵部隊が戦車の様子を見ている場面。泥地脱出用角材はまだなく、履帯のスパッドが装着されている。メシーヌのドイツ軍陣地には大がかりな地雷原があり、イギリスの戦車が立てるけたたましい駆音もすぐに沈黙させられた。演習地を走る戦車の迫力だけでは、実戦で通用しなかったのである。

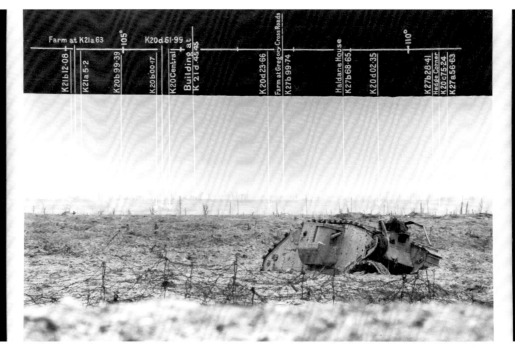

▶イープルの突出部に投入された戦車の多くは、写真のマークⅣ戦車のような状態になってしまった。この戦車は長い間、この遺棄現場に留まり、パノラマ写真で撮影されただけでなく、様々な注釈付きの研究対象とされた。このような状態になった戦車の大半は、大変な労力によって救出された。

▼イープル突出部における典型的な風景。一面の泥濘と軟弱地盤で戦車は瞬く間に動きを止め、みすぼらしい姿の歩兵が残骸の中にたたずんでいる。

の意味も加えられた)

　イープルの戦場の特徴と、戦車に向かない地勢については、これまでも多くの戦史書に書かれ、説明されてきた。イープルの泥濘は深く、戦車は簡単に動きを止めてしまうだけでなく、抜け出そうともがくほど事態は悪化した。乗員は長い時間、泥濘と奮闘してこれを掘り出し、履帯を泥濘から出すための道具や、即席のランプウェイを作るための材料を求めて、周辺をうろつかねばならなかった。これはまったくの無駄な消耗であり、泥濘にはまった戦車を引き出すには、地面が乾くのを待つか、救出作業を得意とする戦車兵の奮闘に期待するしかなかった。結果として、イープル戦の後で、戦車軍団は不名誉な評価をされてしまい、第5軍司令部の報告書では、戦車は「鈍重で壊れやすく、これ以上期待することは疑わしい」と記載され、結論として「戦場で彼らの行き先は悪化するばかり」であったので、「戦車が姿を見せることで得られる士気の高揚は、急速に失われてしまった」とまとめられた。これは時期尚早な結論の典型例ではあるものの、当時の軍上層部が戦車に寄せた一般的な傾向であったことは疑いない。

　泥濘化しやすい低地では、効果的な塹壕の構築は不可能である。代わりにドイツ軍は農家の廃屋を使って機関銃陣地を作り、風景に溶け込むようにコンクリート製の強化陣地を点在させていた。こうした拠点のすべては、イギリス兵によってそれらしい名前が与えられて軍用地図に書き込まれ、自然と、それぞれの名前が兵士の間での共通認識となっていた。

　このようなどうしようもない土壌の中で、戦前から作られていた道路とその周辺は、比較的地盤が固かった。しかし、有効活用するにはまず泥濘の覆いの下にこの道路を発見する必要があった。1917年7月31日にマークⅣ戦車（メス型）のG46号を指揮していたダグラス・ブラウンは、イープルの北東にあるキッチナーの森を目指して部下

▶1917年7月31日、第三次イープル戦において、ダグラス・ブラウンの乗車G46号車「Gina」がキッチナーの森に向かう途中に、ボッシュ・キャッスルと呼ばれていた付近で動きを止めている様子。履帯の破壊は、遺棄した跡に発生した

に指示を出し、戦車を誘導していた。この時、彼は進路右側に道路が並行していることに気付いていたが、地雷が埋設されている可能性を聞かされていたために、泥の中を進むほかなく、結果として戦車は泥濘にはまり込んでしまった。

　それから2週間以上経過した1917年8月19日、ブラウンは再びメス型のマークⅣ戦車を指揮して、サン＝ジュリアンの村落跡に構築された複合拠点に対して、8両の戦車（2両はオス型のマークⅣ戦車）とともに行動を開始した。この軍事行動は、目標となる敵拠点の名前から「コッククロフトの戦い」として知られるが、今日の高速道路ほどではないにせよ、戦車の大半が作戦を通じて道路を確保できていたことが成功の鍵と見なされている。ブラウンはこの軍事行動について、次のように書いている。

　ポエルカペル街道は目を見張るほどまっすぐで、サン＝ジュリアンから緩やかな登り道をなす余裕のある舗装道路であり、両脇は街路樹と深い堀で彩られていた。ところが現在では1カ月間にわたる両軍の砲撃の応酬によって景観は一変してしまった。中央を貫く舗装道路は雨のように降り注ぐ砲弾の中でも比較的良好な状態を保っていたが、場所によっては跡形もなく粉砕されて砲弾孔に覆われていた。道路は油分を多く含む土砂で分厚く覆われ

ていたので、事故を避けたければ慎重に戦車を操縦するほかなかった。ひどい場所では、マカダム工法で舗装されていた部分は実質的に消え去っていた。舗装面は砲弾の炸裂で粉砕されて、破片が堀を埋めており、逆に1ヤードもの深さの砲弾孔が点在している中に、舗装が残った道路がわずかに見えているような状態であった。街路樹の半分はなぎ倒されて、倒木の残骸が道路上に無秩序に散乱している有様であった。……我々が村落から出

▼ドイツ兵によって"Das Tanktor zu Poelkapelle"と落書きされた戦車。戦後、再び整備された道路は、落書きにちなんで「ポエルカペルの戦車街道」と名付けられた。左の残骸はD32号車「Dop Doctor」、右はD24号車「Deuce of Diamonds」で、真横に転倒している。

▲クラッパム・ジャンクションとして知られる写真の場所は、泥濘と水はけの悪さで戦車兵に忌み嫌われていた。このマークⅣ戦車は、限界まで前進したところで身動きできなくなってしまったのだろう。

ルカペル街道でも、倒木は危険極まりない障害となり、戦車はしばしば大木の幹に乗り上げて操縦手には制御不能となってしまい、油まみれの路面から滑り落ちて溝にはまり込んでしまうような事故を引き起こした。……また瓦礫で履板を損傷する事もあった。倒木もバラバラに倒れているので、進路は慎重に判断しなければならなかった。それでも履帯の下で障害物が不意に動いて、戦車が思わぬ方向に滑るような事故は発生した。

　ドイツ軍が対戦車障害物とするために、意図的に木を倒していたという根拠はない——倒木の大半は砲撃によって生じた——が、戦場ではこの倒木が操縦手の仕事を難しくしていた。9両の戦車が作戦に参加して、7両が作戦開始地点にたどり着いたが、戦術はナイルやコペンハーゲンでネルソン提督が展開したものと違いはなかった。戦車は障害物沿いに道路から離れずに敵に接近することが可能で、それから単純に敵を火力で打ち負かし、守備兵が諦めるまで、敵のあらゆる武器を焼き尽くしたのだ。第一次世界大戦の基準からすると少ない犠牲で充分な戦果を達成できた。戦死者は戦車兵1名、他に歩兵15名の負傷者を生じたのみであったからだ。ブラウンによれば、この戦いでは特別な通信手段が導入されたとのことである。おそらく色つきの円盤による通信は不調だったのだろう。敵拠点を撃破した戦車は、後続の歩兵に占領を促すために、上面のハッチからショベルを掲げることに

撃すると、前方50ヤードの付近でクラートンの戦車が倒木を乗り越えようとしている場面に遭遇した。巨大な木の幹を戦車で乗り越えようとするときは、バランスをとることは不可能である。車体の片側が持ち上がった後に、シーソーのような動きで危険な衝撃が車体に加えられることになるので、戦車にとっては厄介な障害物であった。ポエ

▶1917年8月19日、コックロフト作戦の一環でサン＝ジュリアンに前進中の場面で、ステーンビークと呼ばれる小川を戦車が横切ろうとしている場面。この一帯は重砲によって荒れ果てていたこともあり、オス型戦車のG4号車「Gloucester」は渡河に失敗した。

なっていた。この戦いの場面では、歩兵が尻込みしたのか、それとも戦車の戦果に不信を抱いていたのか、いずれにしても歩兵は戦車の要請に従わなかったために、戦車兵の誰かがわざわざ降車して、歩兵に加勢を促さなければならなかった。

コックロフトの戦闘の結果、限定的な目標に対して、小部隊の戦車が道路沿いに前進しつつ攻勢に出るという戦術が、非常に有効であることが判明した。もっとも、先にブラウンが予見していたように、路面状況が悪いとこの作戦の危険度は上昇し、作戦の可否は運に依存することになった。実際、その後の戦術行動では、そうした場面が頻出した。倒木は相変わらず悩みの種であったが、どうにかこれは克服されていた。また戦車の機械的な故障は別の問題を引き起こした。1917年9月20日、チャールズ・シモンズ少尉が指揮していたマークⅣ戦車、D44号車「Dracula」は、ポエルカペル街道を前進中に故障したため、遺棄された。

それから約3週間後、同じ所属のD大隊の戦車部隊ががポエルカペル街道沿いに前進していたところ、遺棄された「Dracula」に行き当たって身動きできなくなった。この残骸を迂回しようと試みた結果、道路の破損が進み、そこに敵の砲撃が加わったという間の悪さから、「Dracula」の背後にさらに5両の戦車が残骸となって横たわる事態となってしまったのである。戦闘は続いていたが、降り続いていた雨のせいで地盤の状況は悪化し、戦車が使えるような地形状況ではなくなっていた。しかし歩兵が苦戦の末にパッシェンデール・リッジを奪取し、同名の村落を占領したことで、イギリス軍総司令官は攻勢を中断することができた。これにより11月初旬までには戦車部隊の状況が好転した。この一連の作戦行動の期間に、勇気を証明する英雄的な戦車の働きもあったし、驚くほど革新的な上陸作戦となったハッシュ作戦まで実施されたにもかかわらず、戦車運用に関する教訓が導き出されるような戦いにはならなかった。

■大規模上陸作戦となったハッシュ作戦

大陸軍としての意識が強い陸軍国家にとって、海岸線は安全な側面として感じられる。イギリス海峡を越えて戦線の背後に上陸するような戦いも装備も考えていなかったので、彼らは海への競争が終了してからは海岸線をほぼ無防備にしていた。戦争努力の大半は塹壕戦に向けられていたのである。

ところがイギリスのような海洋国家においては、海は高速道路の延長であるため、戦線背後の敵海岸線はがら空き同然に見えていた。1915年以来、

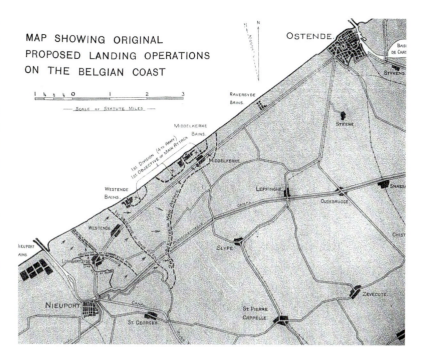

▲第1師団の特別戦車部隊の作戦範囲が描かれたベルギー沿岸部の地図。

イギリスではこの敵海岸線を戦局打破に利用できないか探っていたが、具体化にはこぎ着けていなかった。陸上での攻勢と連動しない限りは、上陸作戦の効果は期待できないからである。しかし1917年夏の第三次イーブル戦は、上陸作戦が効果的と思われる目標が複数あったため、検討に値すると見なされた。さらに1917年には、すでに戦車の実戦運用が始まっていた。まだ、その効果は証明されておらず、信頼性も確立されてはいない兵器であったが、イギリス軍は西部戦線における軍事作戦に向けて戦車の動員準備を急いでおり、戦車を使った大規模上陸作戦もその一環として考慮されていた。この上陸作戦は、イーブルにおける攻勢との連携を意図したものであり、海峡から上陸した軍が前進してオステンドの背後を押さえ、イーブルから前進する主力と合流するまで持ちこたえるという作戦である。上陸作戦の主力はヘンリー・ローリンソン将軍の第4軍と、レジナルド・ベーコン提督の海峡警備艦隊であった。

上陸作戦では、それぞれ550フィート（約167m）の巨大な3本の舟橋の設置が成功の鍵と見なされた。まず最初に、浅吃水のモニターが搭載砲で沿岸部を制圧しつつ、この船橋を曳航して海岸に設置する。上陸部隊はイギリス陸軍の第1師団で、砲兵、工兵部隊と機関銃軍団（オートバイ機関銃軍団から3個大隊が増援参加）が支援に充てられた。上陸軍は舟橋を使うため、ほぼ同数の規模で3隊に分けられていて、それぞれにオス

▶機関銃軍団の重機関銃班に所属する兵士が、1916年に最初の戦車兵となった。彼らは写真のような部隊章を着用していた。1916年11月16日から、部隊名は機関銃軍団重機関銃部隊に改められた。

▶▶1917年7月28日、重機関銃部隊は戦車軍団に改称され、徽章も改められた。初期のデザインは動物のサイをあしらっていたが、スウィントン中佐に却下された。しかし戦車を図案化した袖章は部隊統合のシンボルとして、戦車軍団の全兵士が着用した。

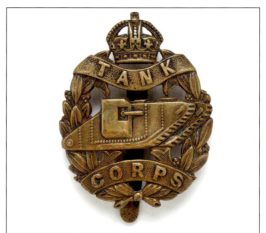

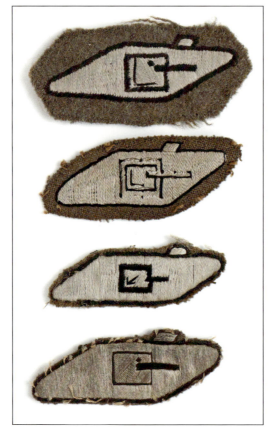

▶これらの戦車をあしらった袖章は、制服の右袖に付けられた。

▶写真の色褪せた腕章はヘンリー・カースレイク大佐が着用していたものである。作戦立案の助力のために他の司令部に出向している際などに、所属識別を容易にするために着用された。

型2両、メス型1両の戦車3両が割り当てられていた。全体では戦車9両が上陸作戦に投入されたが、これらはJ.D.I.ビンガム少佐の指揮下で特別戦車隊として編成されていた。戦車はすべてマークⅣ戦車であったが、戦車が戦場にはじめて姿を現してから、まだ1年が経過しないうちの出来事と考えると、驚くべきことである。

舟橋を設置する上陸海岸には、ベルギーのヴェステンデ、ミッデルケルケ間が適すると判断された。この地域は堤防によって海から守られた低地帯であった。そのため、戦車による堤防の突破が上陸作戦の最大の関門とされた。フランスのメルリモンには、これを検証するための複製の堤防が築かれたと言われているが、中央野戦工廠のJ.G.ブロックバンク中佐は、1917年4月に自分の命令で工廠施設に隣接する土地に複製の堤防を作らせたと主張している。

上陸作戦への戦車の投入では、3つの問題を解決しなければならなかった。ひとつは、戦車が堤防に至る斜面を直接乗り越えねばならないことで、降雨、泥濘などの状況でなければ、それほど困難ではなかった。ただし海岸を埋めている漂着した海草は懸念材料とされた。これを解決するため、装甲と同じ材質で作られた特製の登攀用スパッドが用意されて、9両の戦車の履板に装着された。第二の問題は堤防の最上部に設けられた湾曲した段差で、これは戦車にとって深刻な事態であった。英仏両軍で様々な解決策が試されたが、戦車の前部にバウスプリット（帆船の船首にある前方に長く突き出した棒）状の部材を装着し、ここに台車状のくさび形ランプを乗せて、堤防まで自ら運ぶという方法が有効であった。このランプを斜面の上に押し上げて、段差部分まで運んだら、次に戦車から切り離し、その上を戦車が前進する

のである。繊細かつ熟練した戦車の操縦技術を要する、困難な任務であったが、試験では良好な結果を出していた。

第三の問題はかなり異なっている。堤防地帯を確保した戦車部隊は、まず2両のオス型が砲で敵を制圧しながら前進し続け、その間に、メス型はいったん後方に退き、後続部隊による堤防地帯の占領範囲拡張を支援することになっていた。これを効率よくこなすために、参加戦車には右履帯フレームのセカンダリ・ギアボックスを動力源とするウインチが供給されていた。通説では、このウインチを設計したのはジョン・ファウラーとリーズの重農機具メーカーであったとされている。可撓性のある鋼線ケーブルが巻かれたウインチドラムは、車体の脇に縦向きで装着されていて、大きさと形を合わせて切断された装甲鈑で守られていた。この装置は、友軍のトラクターや自動車、補給用の橇などを牽引するための装置で、要請があれば戦車はこうした機材をウインチで牽引をすることになっていたのである。この装備を付けた戦車の写真は、右舷側にメス型のスポンソンを装備した2064号のものだけである。現存資料によれば2064号はメトロポリタン鉄道車両会社のオールドバリー工場で製造された車両で、メス型のスポンソンを付けているのは、ウインチからのケーブルを車両の後方だけでなく、前方にも取り回せるようにするための工夫だろう。理屈の上では、

◀登攀用スパッドを装着したマークⅣ戦車（メス型）で、写真では海草が付着した海岸ではなく、泥濘で使用されている。

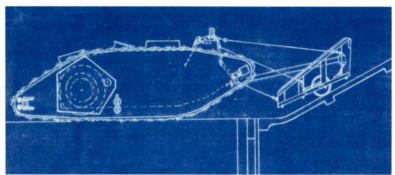

▲上陸作戦時の特殊装備である戦車用のランプは幾度も設計変更されたが、この設計図が最も鮮明である。ウインチの設置場所と、セカンダリ・ギアから動力を得ていた構造が確認できる。

◀不鮮明で明らかに修正が施された写真であるが、訓練用に作られた壁の斜面にランプを設置している場面が写っている。

堤防の上から海岸の機材を牽引する場合、戦車は海を背中側にしているので、前方へのケーブルの取り回しを心配する必要はない。しかし、後にはウインチ装備の戦車は、他の戦車のサルベージ作業に投入されるようになる。この場合はウインチの取り回し方向は一定ではなくなるので、こうした配慮が必要とされたのだろう。

それにしても、菱形戦車に装着されたウインチには、いくつもの疑問が付いてまわる。例えばウインチ装備の戦車に言及した資料や著書には、いずれも装着された戦車はメス型であったと説明しているが、ここの写真にある2064号は、記述のとおり製造時はオス型であった。この戦車の写真には〈白・赤・白〉の識別塗装が確認できるが、これは1918年夏の時点での現役戦車に認められる特徴である。したがって、ハッシュ作戦の実施時期と合致しないことから、ハッシュ作戦ではこのウインチ自体が使用されていなかったのかもしれない。おそらくは、主作戦の緩やかな進展によるものか、あるいはブロックバンクが信じていたように、中央戦車工廠の隣接地で実施された試験は、その気があれば誰の目にも留まる環境であったことから、この戦車の秘密が漏洩したことで、ハッシュ作戦での使用が放棄された可能性があるということだ。それでも、ハッシュ作戦の戦車利用は野心的な取り組みであり、もし成功していれば第三次イープル戦が短期間で終わっただけでなく、オステンドまで占領できた可能性もある。これが実現すればイギリス海峡に進出するUボートの数や行動に大きな制約を与え、戦争の進展を激変させる結果となっただろう。

戦車部隊の作戦将校を務めていたジョン・フレデリック・チャールズ・フラーはイープル戦に懐疑的な立場をとり、ガリポリの戦いに相通じる愚かな取り組みであったと批判している。上陸作戦においても、海岸堡を確保できても、その後背地は水路や堤防が縦横にめぐらされている土地で、戦車はこうした地形での行動には向いておらず、歩兵はどのみち孤立する運命にあったと、彼は分析していたのであった。

■カンブレーの戦い

カンブレーの戦いは1917年11月20日、火曜日、0610時に始まった。

本章では戦車が参加した様々な戦いについて言及し、本章以外でも、〈鉄道輸送〉（第5章）、〈F4号車「Flirt II」〉と〈D51号車「Deborah」識別番号2620〉（第7章）などには、戦闘関連の説明がされている。そうした中でも、カンブレーの戦いはマークIV戦車を語る上で重要、かつ不可欠な戦いである。また今日においても、イギリス陸軍お戦車部隊をはじめ、世界各地の提携部隊や附属組織によって賞賛が続く戦いであるため、ここに改めて詳細を残す価値があるだろう。

実際、カンブレー戦いは、戦車の歴史における象徴的な瞬間が演出された戦いであった。フランスにおけるイギリス戦車軍団長であったヒューイ・エリス准将は、作戦初日の早朝、エンジンの暖機に余念がない状態でずらりと隊列を組んだ戦車の大群は、影の中からその巨人のような姿の中、H1号車「Hilda」のそばまで歩き、車体によじ登ったと回想している。戦いに赴く部下たちを目の前に

▶ハッシュ作戦のために特製のウインチ装置を装着したメス型戦車は、後には戦車のサルベージ作業に投入された。

▶新しい戦車軍団旗を携えて「Hilda」の傍らにいるエリス准将の古い写真。彼も帯同した戦闘の初期の様子は、戦場ロマン小説の趣がある。

▼「Hilda」(オス型)のよく知られた写真で、カンブレーの戦いの後、ファンの鉄道乗車場にてシートをかけられた状態で貨車に乗せられ、出発を待っている場面。オリジナルの写真では、スポンソンの前に描かれていた名前が確認できた。

しての高揚を述懐したものなのだろう。戦車が前進をはじめると、エリス准将はハッチから頭を突き出し、〈茶色・赤・緑〉の水平線で構成された新しい戦車軍団旗を掲げた。かなり傷んだ状態であるものの、この旗は今日、ボーヴィントン戦車博物館で目にすることができる。

両軍の戦闘経過についてはすでに多くの記述があり、論争の種も様々であるが、批判的な立場は主に騎兵部隊と砲兵部隊からのものであった。「戦車と騎兵」とくくられて扱われることもあるので、騎兵側からの不平不満を真に受けるのは難しい。騎兵は機関銃と鉄条網が支配する戦場で生き延びることができないのに対して、戦車はそれが可能な兵器であったし、そのような危険地帯に自ら飛び込んで何かを為すために、騎兵が一層の支援を求めるというような主張は、正当化できるものではない。

一方、砲兵の主張には見るべき点がある。作戦計画立案者は伝統的な攻撃前の準備砲撃には奇襲効果を損ねてしまうのは事実だが、数学的に複雑な測距技術に裏付けられた地図の利用に基づき、正確に特定の目標を攻撃できる運用術によって貢献することで、埋め合わせられると確信していた。この戦術はかなり効率よく機能したと当時も考えられていたので、もし欠陥があったとすれば、それはコミュニケーションの領域に関してのこととなるだろう。例えば、好例としては、フレスキエー

▶A.G.ベイカー中尉指揮のメス型戦車の「Gorgonzola」は、グレンクール（上空写真の上部中央）にて、対戦車防御に投入されたドイツ軍砲兵によって側面から攻撃を受け、鹵獲された。しかし、この写真が同一の戦車であるとの確証はない。

ルの尾根筋の戦いがある。この時、戦車部隊はドイツ軍の対戦車砲火に捕まって身動きが取れなくなり、危機に対処するために友軍砲兵に連絡をとって支援砲撃を要請することも不可能な状況であった。さらに歩兵も同様に鉄条網帯と敵の機関銃に釘付けにされてしまい、距離が離れていた砲兵は歩兵を苦境から救うことができなかったが、戦車がこれをどうにか成し遂げたのである。この

事は、各兵器にはそれぞれ得意領域があり、その役割を果たせるのは適切に配置、部署されたときに限られると言うことを示している。

フラーは、この戦いで戦車はその潜在能力を遺憾なく発揮したと主張するが、作戦はもっと高いレベルでの全面的な攻勢を企図して戦車と投入したにもかかわらず、その一方で、楽観主義の横行と少なすぎる予備部隊によって計画された危険

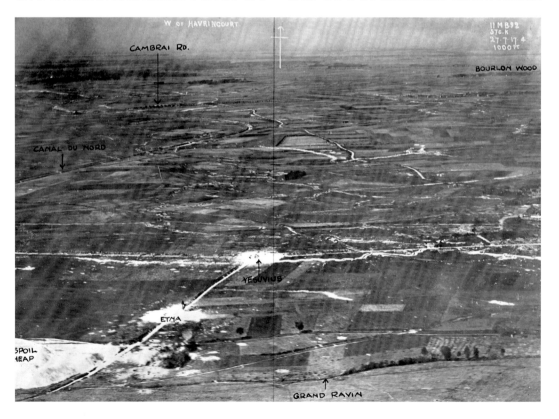

▶1917年7月27日の別の角度からのカンブレーの空撮写真。手前の"GRAND RAVIN"は実際は用水路に過ぎない。"SPOIL HEAP"と書かれた土砂の山は、写真外の左方向から北に流れている運河"CANAL DU NORD"を建設した際に生じたものである。

◀この空中写真からは、北辺に見えるBourlon（ブルロン）の町を、手前に広がるブルロンの森が覆い隠している様子が分かる。バポームからカンブレーに伸びる直線道路はフォンテーヌ＝ノートル＝ダムを通過している。この村落と森の存在が、作戦初期の重大な障害となったのであった。

◀今日のフォンテーヌ＝ノートル＝ダムの直線道路。両脇に連なる建物から浴びせられる砲火は、歩兵にとっては死の罠であり、戦車にとっても悪夢そのものであった。

な作戦となったと、彼は著書"Memoris of an Unconventional Soldier"（Ivor Nicholson & Watson,1936）で述べている。この本の中で、彼はカンブレーの戦いが陸軍総司令部における精神的沈滞を払拭するものとなるのを期待していたが、それは誤りであった。総司令部の参謀たちが、戦車という新兵器を彼らが理解できるような軍事的常識の範囲の方程式に当てはめて、正解を導き出そうと精神を酷使している傍らで、フラーは戦士の立場ではなく、新兵器に熱狂的に没頭する軍事研究者として、戦車に向かい合っていたのだ。しかし高級軍人の世界を離れた場所で、新しい考えが芽生えていた。著書"Conceal, Create, Confuse"（Spellmount 2009）の中で、マーティン・デイヴィスは、カンブレーの戦いの準備期間において、アラス近郊にて鉄道で到着した6両の戦車について、ある儀式が執り行われていたことを説明している。貨車から降りて近くの森に移動した6両の戦車は、毎晩のように、秘密裏に森から出発していずこかに向かうという行動を繰り返した。こうすることで、近郊の森林地帯に戦車が多数隠れていると信じた各地の地元民を通じて、ドイツ軍に欺瞞情報が伝わるのを期待したのである。

また、アラスに所在していた第1旅団司令部には「立ち入り禁止」の札がかけられた警戒厳重な部屋があったが、これも軍事的作戦の一環で、このような部屋の存在に敵諜報員が関心を持つことを予見して、あらかじめこの部屋には大量の偽の作戦計画や軍用地図が置かれていたのであった。これが盗まれて、敵の関心が別方面に向けられれば、その分だけ有利に予備兵力を使えるようになるというのが欺瞞作戦の目的である。著書の中でフラーは、予備兵力を用意していない軍事作戦は手の内を見せて挑むポーカーのようなもので、それは駆け引きではなく単なるギャンブルに過ぎない。予備の欠如は、長期的な戦闘の成果を損なうものであると断言している。実際、戦闘が長引き、ドイツ軍の抵抗が激しくなるにつれて、追加の戦車と訓練された乗員の不足が深刻な問題となった。さらに攻撃を続けるのに不可欠な、戦車と連携して動ける熟練の歩兵も不足していたため、事態は一層悪化した。カンブレーの戦いは、ドイツ軍の反撃が本格化した11月30日に終了したことになっている。しかし実際は、戦車部隊がカンブレーへの道路の結節点となる村落、フォンテーヌ＝ノートル＝ダムの占領に失敗した時点で、作戦としては行き詰まっていた。この間に戦車部隊がしたことは、すでにアヴランクールやフレスキエールで起こっていたことの拡大版であった。防御側のドイツ軍歩兵はいったん地下壕に身を潜めて戦車をやり過ごしたあと、後続の歩兵に砲火を集中させて、これを撃退して、戦車を孤立化させてしまうのだ。フォンテー

▲B28号車「Black Arrow」(J.O.エヴァンス少尉)は、11月23日の金曜日にフォンテーヌ=ノートル=ダムに浸透した13両の戦車のうちの1量であった。このうち6両は、輸送トラックの荷台に対空砲を搭載した足跡の対戦車砲によって撃破され、乗員のほとんどが戦死した。写真は戦車の前でポーズを決めるドイツ兵。この戦車は道路の中間で動けなくなったもので、前にはイギリス兵の死体が横たわっている。

▼1917年12月2日、戦闘終了後の空撮写真には、長く苦しい戦いの舞台となった村落が、北西方面に確認できる。アヌーの小村の近くに確認できる戦車の轍は、この戦場で戦車が直面した運命を最も如実に語っている。

ヌにおける守備兵の防御砲火は凄まじいの一言に尽きた。ある戦車は機関銃弾を受けすぎて、まるで砲弾の直撃を受けたように塗装が消えてなくなり、村落に戻ってきたときには銀色の地肌だけになっていたと報告している。また別のオス型戦車の報告では、敵の火力が強すぎて、砲弾装填のために尾栓を開放した瞬間に、砲身から敵弾が車内に飛び込んできたと書いてある。フラーは、彼らしい言葉でこうした現象を独自に解釈している。曰く、戦車に防御砲火が集中するのは充分に予測できたことであったため、村落に直接侵入するようなことをせずに、迂回して目指すよう作戦計画を立てるべきであったと。しかし、これは結果を見ての分析に過ぎない。目標に向かう道路を見れば、村落を通過するしかない。つまり、事前に迂回ルートが明示されていない限り、戦車兵にとって使用すべき道路は明白だったのである。スチュワート・ハスティーのD17号車は「戦車の背後からイギリス兵がはやし立てる歓声を聞きながら、フレールの町の目抜き通りを前進」していたが、これは1916年秋にはじめて戦車が姿を現したときと同じ、象徴的な出来事ではないだろうか？

▲戦場のどこから見ても、ブルロンの森の黒い影が厄介な存在であったのは明らかだ。地平線の彼方にブルロンの森を認めるこの写真は、フレスキエールに設置されたイギリス連邦軍戦没者墓地から撮影したものである。

▲11月23日の作戦で、ブルロンの森付近で破壊されたクーツ少尉のメス型戦車、G5号車「Glenlivet Ⅱ」。

▲ブルロンの森で破壊された2両の戦車——F6号車「Feu d'artifice」と、G21号車「Grasshopper」——は、当時"Shooting Box"と呼ばれていた、豪華な作りの狩猟小屋の残骸のそばで撃破された。

▲左の写真と同じ場所の今日の様子。ただし撮影時期は夏である。

▼11月24日の攻撃時に、ブルロンの村落付近の戦闘中に横滑りして隠されていた塹壕に落下した、マーチ＝フィリップス少尉のI28号車「Incomparable」の状況。一目で分かるように、乗員は戦車を捨てて離脱するほかなかった。写真は慎重に車内を検分しているドイツ軍士官の様子。

▼12月1日、ドイツ軍の反撃に対抗するために、ゴーシュの森付近でH大隊所属車両を中心とする戦車部隊の反撃がおこなわれた。写真のH23号車「Hong Kong」は、戦争が終わった後も遺棄された場所に残っていた。当時の車長であったヴィヴァーシュ少尉は戦争から生還している。

◀この写真が撮影されるまでに、厚板を使った仮設道路が作られ、ステーンベークは完全に沼地になってしまった。人手を使って大量のファシーンが投げ入れられたが、写真のG4号車「Gloucester」を引き出すことはできず、戦車は放棄された。

ファシーン

　おそらくファシーンは、人類にとって知られている最古の軍事的手工品である。棒を束ねた物や状態を意味する、ラテン語のファスケスという言葉が、ファシーンの語源である。このファスケスは、現在では「束桿斧」という呼び方で、古代ローマに由来する権威や紋章の印として使われるようになっている。最も有名なのはイタリアの独裁者ムッソリーニが打ち立てた政治体制「ファシズム」であろう。これもファスケスに由来しているのである。

　オックスフォード英語辞典には17世紀まで遡っての軍用ファシーンの使用例が説明されている。当時のファシーンはありとあらゆる枝や棒材をかき集めて結束したもので、兵士はこれを掘り割りや沼地に投げ込み、通行不可能な土地に土手道を作ったというものであるが、時代とともに人間が運べるように、ファシーンは小型化した。

　ファシーンは第一次世界大戦でも広く使われていたが、1917年8月19日、ベルギーのサン=ジュリアンという村落の北にあった敵拠点への攻撃に参加する戦車について、ダグラス・ブラウン大尉は

「我々はステーンベークを渡河する際に、サン=ジュリアンの破壊された橋ではなく、そこから約100メートル離れた場所に前夜から工兵がファシーンで組み上げた足場を使用した」と書いている。今日のステーンベークは堤防の手入れも行き届いた穏やかな小川であるが、1917年8月のそれは戦争で完全に荒廃した川で、あちこちで堤防が破れ沼沢地を作りながら蛇行していた状態であった。周辺は水はけが悪くなり、砲弾孔には夏の雨水が溜まって汚い沼地を作っていた。

　兵士が運ぶファシーンの重さはせいぜい45ポンド（約20kg）であったが、戦車には75個のファシーンを結束して作られた特製の大型ファシーンが搭載された。その重量は1.75トン、直径は4フィート6インチ（約135cm）、幅は10フィート（約3m）もあった。この大型ファシーンは、航空偵察写真でも確認できるような敵の主塹壕線や、イギリス軍に「ヒンデンブルク線」の名で知られていた、ドイツ軍の主要構築陣地における塹壕での使用を想定したものであった。もちろんドイツ軍も超壕兵器としての戦車の脅威を、手をこまねいて見ていたわけではない。ドイツ軍は塹壕の幅を広くした対戦車壕で対抗した。そして、これをみたイギリス軍は、戦車によって運搬され、直接塹壕の狙った場所を埋めて即席の超壕点とするために、戦車運搬用の大型ファシーンを考案したのであった。

　カンブレーの戦いの約1カ月前、戦車軍団の中央野戦工廠司令であったJ.G.ブロックバンク中佐は、エルズ将軍から通常の戦車が幅15フィート（約4.5m）の塹壕に対処できる方法を見いださねばならないという状況説明を受けていた。ブロックバンクは、大型ファシーンを戦車で運搬し、狙った塹壕に落とすという試験がすでに中央野戦工廠で試験されて、機能することは確認していると主張した。そして約2週間後、400個の大型ファシーンが要求されたことから、これと連動して400両の戦車にファシーンの取り付け具を装着する必要が生じた。しかしこれらをイギリスで可能な限り迅速に取り付けるという試みは、残り時間に対して短すぎたのである。

▼ファシーンがなければ、戦車は写真のような状態になって塹壕に落ちてしまう。このような角度で落下すると、自力では脱出できなかった。写真のH45号車「Hyacinth」は、カンブレーの戦いのさなかにリベクール付近の塹壕に落ちてしまい、救出のために別の戦車が呼ばれることになった。

そこで、戦車の改修責任者でもあったブロックバンク中佐は、長さ10フィート（約3m）のファシーンを6万個、中央野戦工廠に輸送して、ここで大型ファシーンを作製することを要求した。様々な資料には、大型ファシーンを作製するには75個の通常のファシーンが必要と示されているが、ブロックバンクによれば、戦車1両に適する大型ファシーンを作るには、実際は90～100個のファシーンが必要であったとのことである。正確な必要数がどちらであったにせよ、集められたファシーンは専用のクレードルに並べられた上で、チェーンを巻き付けられてから、このチェーンの両端を2両の戦車が引っ張って固く結束する方法で大型ファシーンが組まれた。このとき、チェーンが締め付ける圧力で、枝材が割れる音が絶えなくなるほど、固く結束された。こうしてファシーンを結束した後で、チェーンをシャックルで止められて大型ファシーンは完成した。地面に並べられた大型ファシーンは、第51中国人労働者中隊から派遣された部隊によって貨車まで運ばれて、そこから前線まで輸送されたのであった。

一方、ファシーンを戦車に積載して、それを必要な場所に降ろせるようにする仕組みの考案は、中央工廠の責任とされた。このため、戦車の車内、操縦席の背後の操縦手から届く位置にレバーが追加されて、これを操作すると即座にファシーンが車体から切り離されるような仕組みが追加された。操縦室の正面に新たに取り付けられた2つのフックは木製のレールと噛合するようになっていて、ファシーンを所定の場所に支える土台を作っていた。さらにここに繋がれ、ファシーンに巻き付けられた2本の長いチェーンが操縦室の後方の車外に出ていたリリースフックにも繋がっていて、ファシーンを外側から支える仕組みになっていた。

戦車とファシーンはプラトゥーと呼ばれた鉄道終着駅に集められて、そこで貨車から降りた戦車にファシーンが装着される。この作業を容易にするためにクレーンが1基用意されていたが、クレーンがない場合は、ファシーンと履帯をチェーンでつなぎ、戦車が後退することでファシーンを車体に寄せる。次に、ファシーンを巻き上げて車体の所定の場所である操縦室の上に、やや前に重心を傾けた状態で固定する方法がとられた。こうしてファシーンの積載作業は終了し、戦車は作戦に参加できるようになる。

ヒンデンブルク線でこの戦車用ファシーンを有効に使うための特別な演習が、J.F.C.フラーの指導の下で、3両の戦車を使って実施された。フ

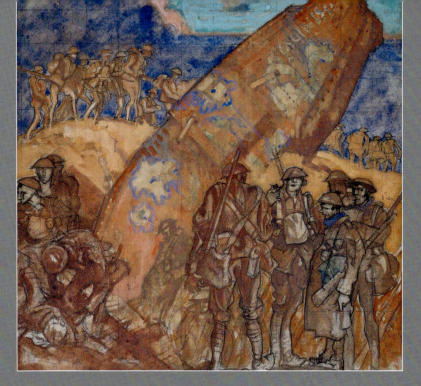

▲フランク・ブラングィン（Frank Brangwyn：1867-1956）の手による水彩画。1917年11月20日リベクールの塹壕に落ちて身動きが取れなくなったH45号車「Hyacinth」を題材としている。反対のページにある写真と、この水彩画を見比べて欲しい。彼は公認の戦争画家ではないが、ブラングィンは第一次世界大戦の間に80枚以上のポスターを描いただけでなく、ウィンチェスター宮殿に飾られる予定だった巨大油絵"A Tank in Action"を手がけていた。彼の作品は現在はウェールズ国立美術館で見ることができる。

ラーは、戦車運用の理想である4両編制の小隊を作るには、フランスにある戦車の数は足りなかったと説明している。その上での戦術は次のようなものである。先導車となる1両が、敵の最前線の塹壕と平行に進みながら、塹壕内の敵を射圧する。そして後続の2両のうち1両が射圧された塹壕にファシーンを落とし、2両で塹壕を乗り越えて前

▼プラトゥーの鉄道終着駅でファシーンを積んで貨車に乗っているL51号。貨車の根太の様子がわかる。

▶ファシーンの搭載方法と解放時のメカニズムを解説した公式の手引き書。しかし実際はこのように整然としたものではなかった。

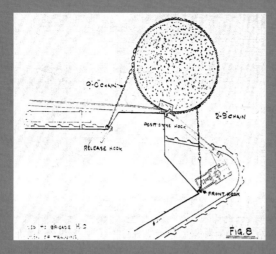

▼1918年に従来型のファシーンに替わって導入された糸巻状ファシーンを積載したマークⅣ戦車（メス型）。この戦車は1918年9月に北運河（Canal du Nord）を渡河中に、履帯を破損してしまっている。

進し、同じような射圧手順で2列目の塹壕をファシーンで埋める。ここまでが順調であったら、次に先導車はすでに置かれたファシーンの上を前進して、3列目の塹壕をファシーンで埋めるのである。もし故障車や破壊車両が発生しても、3両は最初の塹壕戦までは到達しているはずなので、燃料や弾薬が枯渇していない限り、そこで第2波の攻撃を待ってこれに合流するのである。

　ファシーンを使用した戦車の超壕の詳細は、E大隊（第5大隊）にてオス型戦車を指揮して攻撃第1波に参加した戦車長の、次の証言がわかりやすい。「ヒンデンブルク線は本当に恐ろしい陣地帯であり、当然のようにそこでは激戦が待ち受けていた。まず最初に、我々は戦車を敵塹壕の前に正確に配置してからファシーンを解放する。とこ ろで、ファシーンを落としてすべて終わりということになるだろうか？　ファシーンは綺麗に落ちたが、その上を乗り越えられるのか？　ワイイで我々は数多くの失敗例を見ている。そんな我々の気持ちを察して欲しい」

　戦車兵が車外に出て、後続にファシーンの投下位置を知らせるために、敵塹壕の縁に旗を立てねばならなかったいうような証言も多い。この時に使われた旗のデザインは赤と黄色であった。

　ここで確認しておくべきは、ファシーンが各戦車にとって一度だけしか使用できない装備であることだ。一度降ろしてしまえば、再配置も再利用もできない。塹壕に落としたファシーンを持ち上げるという作業だけでも、充分困難であるが、そもそもファシーンの装着には他の戦車の助けが必要になる。このような作業も問題であるが、一度、後続の戦車がファシーンの上から塹壕を超えてしまった場合、もう再利用など考えられない状態になってしまうのだ。実際、ファシーンが再利用されたことを示す証拠はない。このような欠点を別としても、カンブレーの戦いの後では、ファシーンは使用されなくなった。そもそもカンブレーに匹敵する規模での戦車の投入は、1918年8月8日のアミアンの戦いまで待たねばならないのだ。その間に状況は変化していた。

　1918年の戦いを前に、中央野戦工廠ではファシーンと同じ働きをする糸巻状ファシーンとも呼ぶべき新装備を考案しており、アミアンの戦いではこれがマークⅣ戦車と、新たに主力として加わったマークⅤ戦車に搭載された。しかし長車体型のマークⅤ*戦車や小型のホイペットには、この糸巻状ファシーンは導入されなかった。そもそもホイペットについては、最初から塹壕を越えて戦うような用途は考えられていなかった。

　糸巻状ファシーンは角材と鉄材を組み合わせて作る人工物であった。大きさは戦車用の大型ファシーンと変わらないが、ずっと軽量であった。ファシーンの重量が戦車に悪影響を与えていたという証拠はないが、車体の前方に傾けて結束するという搭載方法が重量バランスに何の影響もなかったとは考えにくい。しかし、そもそもファシーンは長時間装着しっぱなしにするようなものではない。

　糸巻状ファシーンは軽量であったため、搭載した戦車にはほとんど悪影響をおよぼさない。加えて、必要であれば戦闘後に再利用することも可能であった。しかしアミアンの戦いで偵察部隊を指揮していたブラウン大尉は、少しでも強い衝撃が加わると破損しやすかった糸巻状ファシーンには辛辣な評価を下している。彼は1917年に使用していた最初のファシーンの方が信頼性で優れていたと結んでいるのである。

■戦車と騎兵

クロフ・ウィリアムス＝エリス大佐は、カンブレーでドイツ軍が設置した鉄条網について、「敵の主塹壕線の前には、ドイツ軍が敷設した鉄条網が見渡す限り幾重にも敷設されていた。その幅が50ヤード（約45m）を下回ることは決してなく、そこかしこで側面が機関銃陣地に暴露した状態の、危険な突出部を形成していた。かねて我々は、この密林に等しい鉄条網に直面した経験はなかった」と描写している。

すでにイギリス軍では戦車が導入されていたが、この戦車が踏み潰した直後の鉄条網であれば、歩兵は比較的安全に通過できることを学び、実践していた。しかし別の戦車が数ヤードほど離れた場所で同じ鉄条網帯に突っ込むと、先に押しつぶされていた鉄条網に張力が加わって、復元してしまうことが確認された。

それでも、歩兵であれば戦車と協力すれば鉄条網に対処できたが、騎兵にとっては戦車に踏み潰されたものであっても、障害物としての危険性に変わりはなかった。鉄条網が一本でも残っていれば、馬には致命傷になったからだ。第一次世界大戦の戦場における騎兵を擁護する軍事関係者は、中東戦域でトルコ軍に対して有益な働きを見せたことを、騎兵の有用性の証拠とする傾向がある。しかし西部戦線に目を転じると話が変わってくる。鉄条網に加えて小火器——特に機関銃の集中使用——や砲弾孔だらけの地面、そして塹壕など、すべてが騎兵がその長所、すなわち機動力に裏付けられた衝撃力を発揮するのを困難にしていた。実際、大陸に最初に派遣された騎兵部隊であるオックスフォードシャー・ユサール連隊は、1914年の開戦直後、まだ塹壕戦は発生しておらず、鉄条網もなかった時点で、すでに近代戦における騎兵の存在意義を疑わせるような働きしかできなかった。

しかしイギリス軍にとって、騎兵は祖国に長く貢献してきた存在であった。古い歴史があり、魅力にあふれるこの兵科は、イギリス海外派遣軍総司令官のダグラス・ヘイグを筆頭に多くの高級将官の出身兵科であったことからも、特別な配慮がなされる傾向があった。

両者を公平に評価するためにも、カンブレーの戦いにおける戦車と騎兵の協同作戦を確認しておきたい。この戦いに先立ち考えられていたのは、もし戦車と砲兵が適切にドイツ軍陣地帯を無力化して突破口を形成できれば、騎兵はそこから敵線戦の背後に広がる開闊地に突破できるという、騎兵の古典的運用に基づく戦果拡張であった。これを実現するために、3個騎兵師団がカンブレーには投入されて、先の伝統的運用を前提にカンブレー周辺から敵を掃討する。騎兵は、戦車よりも優れた機動性を活かして敵守備隊を包囲しながら、北東のソンセ川まで前進して、ドイツ軍の増援到着を阻止しようという作戦計画であった。

もちろん、最大の懸念は騎兵による戦場突破の際に、敵の火点や陣地に遭遇することであった。1918年2月20日にはダグラス・ヘイグ司令が「騎兵を悩ませる鉄条網や防御陣地さえなければ、騎兵が戦果充分と見なせる突破が可能であるとの予測は現実的であるし、そうなれば騎兵は、敵の指揮統制および情報伝達経路を破壊するという任務を全うできるだろう」と表明しているが、これが逆に騎兵に向けられた懸念を浮き彫りにしている。

この騎兵によせられた理想に対して、実際はどうであったのか？　結局、戦闘は想定どおりには運ばず、戦闘結果に対する騎兵の貢献は最小限に留まったのであった。極少数の騎兵はサン＝カンタン運河を渡ることはできたが、ソンセ川を目にした者もいなかった。1917年の時点でカンブレーの東に抜けられたイギリス騎兵は捕虜だけであった。

カンブレーの戦いには476両の戦車が投入されたが、そのうち少なくとも32両が、騎兵の突破口を作るために鉄条網除去の任に充てられていたことも、騎兵の貢献度を測る上では重要である。これはヘイグ将軍が騎兵に寄せていた期待のあらわれに他ならないからだ。

鉄条網除去用の戦車とは、通常のマークⅣ戦車の車体上部に、補給戦車の項目で説明したような牽引用フックを取り付けた車両であった。この役割を

▲第6戦車大隊のメス型戦車、F1号がワイイにおける訓練で、鉄条網に突入して道を開鑿している場面。

▶カンブレーの戦場で使用されたアンカーを修復した物。ケーブルとアンカーをつないだ、頑丈なシャックルの様子が分かる。

▼ほとんど鉄条網に絡まってしまった戦車で、車体上部の右上付近にアンカーが確認できる。

▼▼騎兵にとっては困難な鉄条網、戦車の前では無力。再び、ワイイでのF1号。

担った車両は、知られている限りメス型ばかりである。各車両には四ツ爪の大型アンカーが支給されていて、これを10mのケーブルで牽引する。アンカーとケーブルはスイベルで結合されているので、ねじれにも強く、引き抜いた鉄条網をがっちりと絡め取って離さないのである。

鉄条網除去用の戦車は3つの集団にまとめられていて、戦闘任務の戦車の第2波が出撃した後で、行動を開始した。彼らの任務はアンカーを牽引して、鉄条網帯に60ヤード（約54m）の幅の穴を作り、後続の騎兵の通り道を作り出すことであった。しかし鉄条網を地面から引き剥がすのは、大変困難な試みであった。鉄条網の重量も問題であるが、この作業を敵の砲火の下で実施しなければならないからだ。

鉄条網除去戦車は、2両でペアを組んで鉄条網帯まで前進する。それからアンカーをおろし、牽引ケーブルをまっすぐ伸ばしてから、鉄条網帯に突っ込む手はずになっていた。車両が前進するにつれて、アンカーにからんだ鉄条網が地面から引き抜かれる。ケーブルに引きずられたアンカーはシャックルを介してゆっくり回転するので、鉄条網をしっかりと巻き付けて離さない。戦車が通過した後の鉄条網帯をみると、木製や鉄製の杭や支柱と、鉄条網のちぎれた破片が残るのみとなっていた。

報告によれば、この鉄条網除去方法は、ドイツ軍が使用する典型的な太い鉄条網に対してもっとも効率的に機能した。戦車による鉄条網除去作業の距離は60ヤードに限定されていたので、実際はこの方法で一度にどれだけの量が除去できるのか、正確な数字は誰も知らなかった。鉄条網帯を破壊して所定の鉄条網を絡め取った戦車は、このアンカーを一旦車両から切り離す。そしてアンカーを再利用可能にするために、工兵の手でアンカーから鉄条網が取り外されるのである。

アンカーを牽引している間、戦車は方向転換を極力避けるものとされ、特に塹壕を超壕するタイミングでは厳禁されていた。アンカーのリリースギアは、非常に脆弱かつ過敏であったため、戦車の大きな振動や方向転換の衝撃で作動してしまうことがあった。鉄条網の撤去は非常に重要な戦術的任務であったため、攻撃への参加などは求められなかった。しかし、敵の出現など不測の事態に臨機応変に対処できるように、両側のスポンソンには最低1人が常駐しているように求められていた。

カンブレーにおいては、この鉄条網除去戦車が任務を終えて、サン＝カンタン運河の所定の場所まで騎兵用の突破口を開いたら、車両の役割は終わり、それ以上の前進は要求されないこととされていた。

しかし作戦区域の北側でソンセ川までの騎兵用ルートを切り開いていた戦車部隊では、各小隊から1組ずつの鉄条網除去戦車が抽出された。水と燃料が供給されたこの選抜戦車部隊は、さらに騎兵部隊に帯同して、彼らの要求に従い鉄条網を破壊するよう求められたのであった。

第5騎兵師団のフォート・ガリー騎兵連隊所属のB中隊がサン＝カンタン運河まで到達したのを別とすれば、カンブレーで突破を果たした騎兵は皆無であった。そして騎兵自身、戦場での能動的な作戦遂行は到底不可能であると痛感させられた。イギリスの公式戦史は、当時の騎兵の「進取の気性の欠如」を非難している。これはF大隊を率いていたフィリップ・ハモンド少佐からの引用として使われた、当時の軍関係者の証言である。ハモンド少佐は、カンブレー戦のさなか、W.F.ファラー少尉が指揮するF22号車「Flying Fox Ⅱ」が、マスニエールで破損したコンクリート製の橋を渡ろうと試みて、橋脚が傾き、蒸気を噴き出しながら運河に滑り落ちていくのを目撃していた。「その時、もっとも馬鹿げた事件が起こった。けたたましい騒音とともに、我が軍の中世の騎馬隊が蹄をならし、大声を上げながら通りを下って突撃を開始したのだ。私は橋が落ちている事実を大声で彼らに知らせたが、一顧だにされることはなく、彼らは突進を続けた。それからやがて、彼らは意気消沈した姿で来た道を戻ってきたのであった」と、ハモンドは述べている。鉄条網除去に割り当てられた戦車部隊のうち2両には、騎兵が使用するための架橋装備が与えられて、グゾークールの集積場に向かう騎兵を支援することになっていた。またほとんどの時間を下馬した状態で、工兵として働いていたインド騎兵を主力とする部隊は、他の騎兵が通過できるように、堀や塹壕を埋めて平らにならし、危険を取り除くという任務に従事していた。

騎兵は、ダグラス・ヘイグ将軍のような擁護者に恵まれていたが、彼らの視点はかなりの部分が懐古主義に彩られていた。前世紀の遺物のような兵科を活用するために、貴重な戦車や歩兵を投入して戦場の安全を保つという考えは、近代的戦争における最大の愚行のひとつであろう。

■ **獰猛なウサギの時代**

第一次世界大戦におけるイギリス軍戦車には、敵防御線への強襲攻撃が主要な役割として期待されていた。その重量によって鉄条網帯を踏み潰し、大きさと形状をいかして塹壕を乗り越えて前進し、敵からの攻撃は装甲によって無効化しつつ、敵を射程内に収めたら搭載火器によって攻撃を加えるのである。速度こそ苦痛を感じるほど低速であったのは、アンダーパワーであることの弊害であったが、戦車の主目的はドイツ軍の塹壕を破壊して、後続する歩兵を先導することであったので、速度は本質的な問題ではなかった。

連合軍は、1918年1月の時点で、ドイツ軍が兵力を西部戦線に集中して、最後となる大攻勢をかけてくると分析していた。実際、ドイツ軍は春からの攻勢で英仏連合軍を分断し、有利な形での講和に持ち込もうとしていたのである。すでにロシア帝国が崩壊し、講和を飲んでいたので、ドイツ軍は東部戦線から巨大な戦力を西部戦線にまわすことができるからだ。また連合軍では、ドイツ軍が独自で戦車を開発しているに違いなく、カンブレーの戦いで入手したかなりの数の戦車も、鹵獲戦車として戦列に加えてくると予測していた。

以上の事をすべて予見していた連合軍司令部であるが、ドイツ軍大反攻の日時と場所だけはわからなかった。したがって、強化陣地を建設し、各

▲マスニエールを流れるサン＝カンタン運河にかけられた新しい橋。1917年11月20日に「Flying Fox」が破壊した橋と同じ場所にある。この近くでフィリップ・ハモンド少佐は騎兵の突撃に直面した。

▼戦車にとって鉄条網はそれほど深刻な障害物ではなかった。戦車は鉄条網を踏みしだき、その上を通過できた。もつれた鉄条網がグローサーに巻き取られることはあったが、すぐに折れ曲がってしまうし、最悪の場合でも、切断して外すことができた。

▶ブリ＝シュル＝ソンムの路肩に遺棄された戦車は、ドイツ軍の攻撃に直面して操作を誤ったのだろう。手前の目立つ戦車はメス型である。

▼ブリ＝シュル＝ソンムにて、川を渡って後退できなかった第5大隊所属の戦車。

地の橋には爆弾を仕掛け、ドイツ軍の強襲に対抗する戦術を磨く以外には何もできなかった。それでは、こうした状況下で戦車をどのように活用すべきだろうか？　また防御戦闘の中で、戦車はどのような役割を果たせるだろうか？　戦車をあらかじめ予備戦力として前線から退けておき、ドイツ軍の主攻方面が判明した時点で、戦車を反撃に投入するといった芸当は、当時の軍や戦車には不可能であった。戦車軍団では3個軍団が軽快な機動力を発揮するホイペット戦車に換装中であったが、主力部隊——フランスに展開する少なくとも10個大隊——はいまだマークⅣ戦車の装備のままで、速度と柔軟性の両面で、敵歩兵の攻撃に対処できるような装備ではなかった。おそらく戦車部隊がマークⅣ戦車を主力としていた最後の時期でもあった。

1918年3月21日、第一次世界大戦を通じても最大規模となる砲撃に続き、前線40マイル（約64km）にわたる範囲で、突撃兵を主体とするドイツ軍の攻撃が始まった。その威力は凄まじく、連合軍は各地で「もう後がない」という状況に追い込まれた。しかしドイツ軍側は好機を逸しつつあることを懸念していた。どんなに屈強な兵士でも、徒歩で前進できる距離には限界があり、水や食料、弾薬の供給が途絶えれば、戦い続けることはできないのだ。同時に、連合軍は信じがたい損害を受けはしたものの、自軍の後方拠点に向かっての退却となったために、防御線を短縮することでドイツ軍の追撃を食い止めることができたのである。

この戦いにおいて戦車は、自分の側から敵に向かっていけなくとも、敵の方から戦車に向かってくる展開にはなるに違いない。こうした前提から、前線付近に少数の戦車を巧妙にカモフラージュして配置しておき、ドイツ軍が予想通りこの戦車に接近した場合に、状況が許せば攻撃を加えるという戦術が考案された。エリス将軍はこれを「巣穴から飛び出す〈獰猛なウサギ：Savage

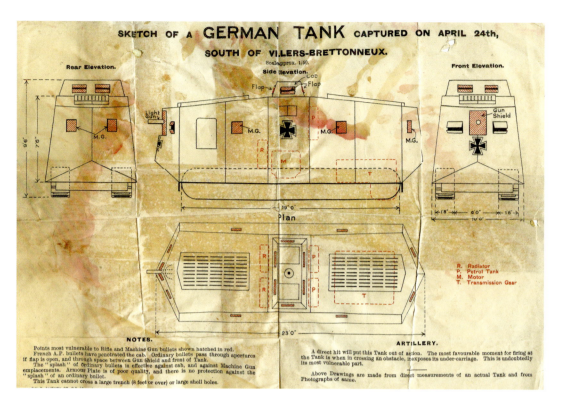

▶ヴィレ＝ブルトヌーに遺棄されたA7V戦車の検分によりイギリス軍が作製した見取り図。一部に誤りがあるが、イギリス戦車兵がその特徴を把握するのには充分な情報であった。

Rabbits〉のようなもの」と評したが、やがてこの呼び方は戦術そのものを指す用語となった。条件が整った場合、この戦術は大変有効であったが、コストも高くついた。後方の橋梁が爆破されてしまった場合、前線の戦車は帰還することができないので、遺棄するほかなかったからだ。クロフ・ウィリアムズ＝エリス少佐は1919年に出版された地方誌の中で戦車軍団の歴史について語っているが、この作戦で配置された370両の戦車のうち、戦闘に参加できたのは180両ほどであったと回想している。第1戦車旅団に勤務する戦車運用のベテラン士官として、彼は「戦車にはかかった経費に見合った」、もっとふさわしい運用方法があったに違いないという見方をしていた。

一方で、ドイツ軍も戦車に対してはできる限りの対処をしていた。1918年3月21日の朝、ドイツ軍は5両のA7V戦車が配備された第1分遣戦車隊と、同じく5両の鹵獲マークⅣ戦車（メス型）が配備された第11分遣戦車隊を、サン＝カンタンの西方および南西方面に配備していた。攻撃は濃い霧の中で始まったが、砲撃の煙によって環境は一層悪化していた。ドイツ軍のA7Vは作戦終了時には2両しか稼働していなかったが、その間にイギリス軍部隊の数カ所の拠点を無力化して、多くの捕虜を獲得した。もうひとつの鹵獲戦車部隊では、戦車の信頼性ではA7Vより優っていたが、速度が遅くて、歩兵の進撃速度について行けなかった。そして戦場の環境が変化して見晴らしが良くなると、突撃隊は早々に前進してしまい、鹵獲した菱形戦車だけが取り残される結果となった。実際、鹵獲戦車は非常に遅く、イギリス軍からの阻止攻撃をかわすことができず2両が撃破された。

イギリス軍側の立場からは、この戦闘に関する記述は少なく、クロフ・ウィリアムズ＝エリスをはじめとする専門家からは戦果に疑問の目が向けられている。この戦闘で、実際にドイツ軍戦車部隊に遭遇したであろう兵士の多くは戦死するか捕

▼1918年4月24日、ヴィレ＝ブルトヌーで発生した、ミッチェル少尉が指揮するマークⅣ戦車と、ドイツ軍のA7V戦車「Nixe」の戦闘から着想を得た、画家独自の想像図。

▲戦車軍団のルイス機関銃チームは通常、3人1組であった。ドイツ軍の猛攻撃に際して、これに抵抗するために戦線が形成されている戦場であれば、ルイス機関銃部隊も孤立することはなかったであろう。

虜になっているので、イギリス軍には信頼に足る報告書はほとんど届いていないのだ。一方で、ドイツ兵の中から姿を現した戦車に対するイギリス兵の反応は、防御に立たされていた時期のドイツ軍のそれとは大差なかったようである。これはあらゆる兵士にとっての、戦争に関する新しくて恐ろしい側面であった。

3月24日の戦闘開始以来、無数の戦車が失われたが、戦車を遺棄した乗員の多くはルイス機関銃を手に歩兵として戦っていた。降車した戦車兵は3ないし4人1組でルイス機関銃1挺を操作した。彼らは機関銃12挺単位で1つのグループとしてまとめられたものの、その多くが孤立した状況の中で戦って、命を落としたのであった。当時からこの判断は、高度な訓練を積んだ人材の浪費であると見なされてはいたが、それだけ背に腹は代えられない状況でもあったのだ。

■北運河（Canal du Nord）

産業革命の頃から存在する、小さくて荒削りで、閘門も原始的なイギリスの運河とは比較にならないほど、北フランスやベルギー、オランダの運河は幅は広くて水深も深く、交通、物流システムの基盤として重要な役割を果たしていた。今日でもこの地域の運河は軍事的な障害として機能する。

1917年の時点で北運河はまだ建設途中――戦争で工事が中断していた――であり、戦場における厄介な障害地形となっていた。南のルロールクールに源を発し、アンシーに至る運河の線は、カンブレーの戦いにおける西側の前線とほぼ一致していた。1918年までにドイツ軍はこの水が流れていない運河の周囲一帯を奪還すると、効果的

▶前線において少しでも居住性を高めるために工夫を凝らしているルイス機関銃チーム。3人1組のチームは、士官一名、兵員2名で構成されていた。

な対戦車障害物に作り替えてしまったのである。イギリス軍はこの運河を確保して渡河点を作るために、使い道がなくなった古い戦車を活用した。

攻撃は1918年9月27日に始まったが、その一週間前にはすでに戦車部隊が作戦行動に入っていた。戦車軍団の第7大隊は、この時期にマークⅣ戦車を装備していた2個大隊のうちのひとつであったが、20日夜に野営地からモルシを目指して発進した。その距離は1万1500ヤード（約10.5km）であった。その後、5日間の休息と再編成がおこなわれて、26日にはブロンヴィルに向かって6000ヤード（約5.4km）前進し、翌朝の作戦に備えた。戦車部隊は最大、10マイル（約16km）を自走してきた。これは1年前ならほとんど不可能と見なされることであった。実際、一部の戦車は1917年11月のカンブレーの戦いにも参加している、退役車両になってもおかしくない古い車両であった。

しかし、彼らの前には最大の障壁——北運河が横たわっていた。ここまでの行軍距離を考慮すれば、古い戦車は運河に降りたところで身動きが取れなくなるのは必至であり、到達できた戦車部隊も、この運河を自力で横断しなければならなかった。

それほど困難な障害であるため、戦車軍団の情報将校は運河の基本設計図にあたる一方で、英空軍の偵察機は危険を冒してなるべく詳細な偵察写真の撮影を試み、兵士に戦場の情報を最大限伝えられるように心がけた。この結果、3カ所の突破候補地が見いだされた。いずれも簡単な場所ではなかったが、なかでも難所はアンシー＝アン＝アルトワの東側一帯、現在の第四閘門の付近であった。戦車軍団の公式週報である"Weekly Tank Notes"によれば、いずれも糸巻状ファシーンを搭載した5両のメス型戦車が通過に成功したことが伝えられている。土を盛った堤防は設計図からの見積もりよりずっと斜度がきつかった。おそらく戦車を通過させるために、堤防の一部は壊されていたのだろう。運河横断に参加した戦車は驚くほど少ないトラブルでこの難所を切り抜けられたが、これはおそらく、運河のレンガ部分が土砂で覆われていたためだろう。

この作戦に投入された戦車はすべてマークⅣ戦車で、一部は前年のカンブレー戦でも使用されていたものであった。彼らが運河で直面したほぼすべての障害物は、傾斜がかかっておらず、ほぼ直角であった。

この現場における実際の様子は、戦車軍団の記念選集からの以下の引用に優るものはないだろう。

▲北運河の河床に集められた戦車をみれば、障害物としての運河の様子が理解できる。

◀第四閘門付近の北運河を南に見た様子。水をたたえていると、堤防の傾斜や深さは想像しにくい。

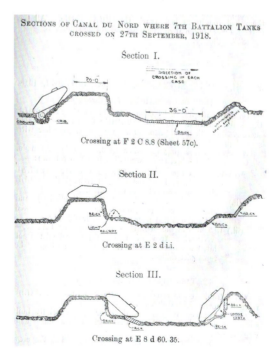

◀戦車の通過地点に選ばれた場所における運河の構造見取り図。アンシー＝アン＝アルトワに近い第四閘門付近の構造である。

> 兵籍番号201299
> 第7大隊 ミリタリー・メダル受賞
> モーリス・ウィリアム・ポッティンガー兵卒
> 〈際立つ勇気と義務への献身〉

　1918年9月27日の早朝、彼はアンシーの南東付近で北運河を横断すべく戦車を操縦していた。そこは堤防の傾斜がかなり急な場所であり、マークⅣ戦車には超壕不能な障害物と見なされていた。歩兵と歩調を合わせて鉄条網までたどり着くと、戦車はさらに前進してクアリーの森まで歩兵を先導した。戦車にはプリズムスコープやペリスコープが供給されていなかったので、激しい機関銃火の中を、バイザーのフラップを開けて操縦しなければならなかった。

　最前線の塹壕を掃射している最中、敵の猛烈な砲火のまっただ中で、彼の戦車は機械的なトラブルに見舞われた。ポッティンガーは大変な勇気と技術をふるって車両を修理した。彼は8月21日以来、五度の任務に加わっていた。

　ポッティンガーは運河の急斜面での操縦のコツを完全に掴むと、クアリーの森への攻撃で顕著な働きを示して、ブルロンへの道を切り開いた。同じ場所から4両のマークⅣ戦車が運河を突破できたことは、まさに彼がミリタリー・メダルを授与されるのにふさわしい功績である。森に隣接するブルロンの村落における戦闘では、一部の戦車が煙幕を使用したと報告されている。これは第7大隊の1918年9月の戦闘日誌にも合致していて、その中では数両の戦車が「排気管に煙幕発生装置」を取り付けていたと書かれている。この装置はイギリス製で、排気ガスとスルホン酸を混合させることで、濃密な煙の塊を吐き出す仕組みのものであった。

　逆に運河を越えて帰還してくる際の描写はないのだが、残存車両は運河の西岸に呼び戻されて、これと入れ替わるようにB中隊が前進し、彼らが続くカナダ兵によるブルロンの森への攻撃を支援して、マルコアンの線まで前進したということになるだろう。

　2日後の1918年9月30日、カンブレー周辺で6両のマークⅣ戦車が第7カナダ旅団を支援した戦いでは、2両が撃破され、1両が敵中に孤立してドイツ軍に鹵獲される結果となった。当時は誰も気付かなかったが、これが11カ月にわたって戦い続けていた第7大隊の最後の戦いとなった。この大隊の歴史はG戦車大隊から第7戦車大隊に至る戦いまですべて、時間順に簡潔にまとめることしかできないが、まさにマークⅣ戦車にとって碑文的な価値のある部隊史である。

■崩壊

　カンブレーを放棄したドイツ軍がさらに後退を続けた結果、戦線の移動ペースが上がり、マークⅣ戦車は着いていけなくなった。第7大隊は2つの梯団に分けられて、ひとつはラミリ、もうひとつはこれを追う形でティヨワ（＝レ＝コンブレ）ま

▶担架をもった集団が、メス型のマークⅣ戦車のあとについて、北運河の東岸堤防に設けられた切り通しを前進している。

で前進したが、それでも後退するドイツ軍には追いつけなかったのである。10月12日に大隊は総司令部予備となった。戦車はフォンテーヌ＝ノートル＝ダム付近に集められて、27日にはアヴランクールから列車でエランに移動し、翌日には中央野戦工廠に送られた。そして大隊の要員はブランジェルの野営地に集められた。

　もっとも、これで話が終わるわけではない。この時期の戦車軍団でマークⅣ戦車を装備していたもうひとつの大隊である第12大隊は、まだカンブレーの南方の戦場に留まっていたからだ。しかし第7大隊のマークⅣ戦車が北運河を突破する決定的な瞬間に、第12大隊は何もしてはいなかった。大隊が所属する旅団は、戦車軍団が新世代の戦車だけでなく、1917年11月のカンブレーの戦いを経験していない新しい世代の戦車兵も配属されている現状から、マークⅣ戦車はヒンデンブルク線に設けられた対戦車壕には対応できないと結論していた。第12戦車大隊の未刊行の戦闘日誌は、「マークⅣ戦車は去年の戦いでは超えられた塹壕が、今回はできないと判断される理由はどこにもない」と表明している。

■ **鹵獲戦車**

　1918年4月24日、戦車軍団のA（第1）大隊第1小隊に所属するオス型1両、メス型2両、計3両の戦車に出撃命令が下された。ヴィレ＝ブルトヌーの友軍を強襲、駆逐し、アミアンに脅威を加えつつあるドイツ軍に反撃を加えるためにボワ＝ダケンヌから出撃せよという命令である。小隊を率いていたのはJ.C.ブラウン大尉で、オス型戦車の車長はフランシス・ミッチェル少尉であった。少尉の戦車は、毒ガスにやられた乗員が出たせいで、通常7人のところ、2名が欠員して5人しか乗っていなかった。小隊には、キャシー・スイッチ線と呼ばれていた場所の塹壕制圧と確保が任務として命じられた。

　ミッチェルによれば、目的地に着いたときに塹壕には歩兵の存在は確認できなかったが、直後、突然一人の男が塹壕を飛び出すと、小銃を振りかざしながら「気をつけろ！　ドイツ軍の戦車が近くにいる！」と叫んでいたという。降車してミッチェルの戦車までやってきたブラウン大尉は、残りの2両のメス型戦車へ警告に向かい、ミッチェル少尉はドイツ軍戦車を偵察するために動き出した。やがて3両の敵戦車がゆっくりと前進しているのを発見した。もっとも近くにいる戦車は、第Ⅱ戦車大隊のブリッツ少尉が指揮する第561号「Nixe」であった。

▲1918年4月24日、ヴィレ＝ブルトヌーで発生した史上初の戦車戦に触発された戦場画家の作品。フランシス・ミッチェル少尉の乗車はA1号であったが、A3号になっているのは画家の意図か、それとも誤りであるか判然としない。ドイツ軍のA7V戦車を細部まで描写するため、両者の距離は実際よりもかなり近いものとして描かれている。

　戦況を描写する際に、2つの対峙した陣営それぞれの報告に頼らねばならない場合、そこに保身の種が隠れていることは意識しなければならない。ミッチェルは「Nixe」を発見した時点で、他の2両のドイツ戦車は左右のかなり離れたところにいたと主張している。一方、ドイツ軍側の著作

▼ドイツ軍戦車を目撃するのは、ましてこのような近距離で目にすることは稀な出来事であった。この写真は演習中の撮影とされている。

では、周辺に「Nixe」が所属している中隊の別の戦車がいた証拠はないとしている。また戦闘結果についても両者は大きく隔たっている。

先に相手を発見したのはミッチェルであった。「Nixe」のブリッツにとって、森の中から出現してくる茶色のイギリス戦車を識別するのは困難であるし、ブリッツの主張では、彼は最初にカシーに向かってくるイギリス軍のメス型戦車2両を発見したことになっている。その時のミッチェルは、「2両のメス型戦車がゆっくりと後方に逃げていくのを目撃して私は驚いた。2両とも側面に砲弾が命中して、装甲に大穴を開けられた姿であったからだ。そこから車内は機関銃の攻撃に対してむき出しになっていたし、逆にこちらからの機関銃の攻撃は、敵戦車の分厚い装甲にはまったく歯が立たなかった。いまや、戦闘は我々の出番であった」と振り返っている。

おそらく、メス型戦車の車体に損傷をもたらしたのは、ブリッツの戦車ではない。A7V戦車の57mm戦車砲には、ミッチェルが描写したようなマークⅣ戦車の装甲を引き裂くような威力はない。おそらくは野砲の対戦車攻撃によって生じたのだろう。ミッチェルは、損傷して後退中のメス型戦車は「Nixe」から機銃で撃たれていたと観察しているが、これも敵歩兵からの銃撃とみる方が状況的には正しそうだ。

ミッチェルの戦車では、砲手が毒ガスに苦しみ、かつ装填手もいない状況で、しかも嵐に翻弄される船のように揺れる車内での作業に苦しんでいた。それでもとにかく左スポンソンをドイツ戦車に向けるように車体を旋回させて攻撃したが、砲弾は敵戦車の手前の地面を叩いてしまった。そこでミッチェルは危険を顧みず、砲手に正確に狙いを付けさせるために戦車を停止させた。ミリタリー・クロス授与の理由としては、敵戦車に5発の命中弾を与えたとされているが、彼の認識では3発の命中であったようだ。

第1大隊 ミリタリー・クロス受賞 フランシス・ミッチェル少尉
〈1918年4月24日 カシーにおける敵戦車攻撃に対する際立つ勇気と義務への献身〉

ミッチェル少尉はカシー・スイッチ線での戦闘に従事するためにオス型戦車を指揮していたが、その最中に敵戦車との遭遇戦となった。彼は大変な勇気を振り絞って戦車を指揮、敵を有効な射線下に置き続ける一方で、自車両におよぶ危険を最小限にとどめるという優れた技量を発揮した。

巧みな戦車の操作と火力の発揮により、彼は敵戦車に5発の命中弾を与えて、戦場から撃退した。

彼は一貫して冷静を保ち、主導権を握り続けていた。

この遭遇戦の結果は、どうやら「ピュロスの勝利」と評すべき苦いものとなったようだ。ブリッツ少尉は戦車戦の不利を悟って速やかに撤収し、ミッチェルは周辺で警戒行動をとっていたが、敵迫撃砲の攻撃によって車両が動かなくなったため、車両を遺棄して乗員とともに脱出し、近くの塹壕に飛び込んだ。一方、命中弾多数で爆発の危険を感じていた「Nixe」であるが、炎上は防ぐことができたことで、ブリッツ少尉は友軍の戦線まで自走して帰還できた。ブリッツによれば、彼はミッチェルの菱形戦車が近づいてくるのを認めると、直ちに砲手に攻撃を命じたと主張している。しかしミッチェルの証言には機関銃弾で撃たれて、負傷者が出たとあるが、大口径弾には触れていない。いずれにしても「Nixe」のものではないだろう。

ドイツ軍が製造したA7V戦車の数は20両にも満たないので、ドイツ軍戦車部隊の主力はカンブレーの戦いのあとで鹵獲したイギリス軍のマークⅣ戦車を修復したものである（Beitepanzersとは「鹵獲戦車」の意味）。ボーヴィントン戦車博物

▼動けなくなった菱形戦車の回収と修理では、まず車体をジャッキアップしてから車体の下に特殊なローラーを設置、その後に修理場所まで牽引していかねばならない。この写真はブルロンの村で戦闘直後に撮影されたもので、ドイツ軍の戦車回収班が巨大な牽引用複式エンジンを使ってマークⅣ戦車を運び出そうとしている。

▼▼即席の鉄道終着駅にて戦車は再びジャッキアップされて、牽引用ローラーが外された後に、貨車に乗せられる。

▶遺棄車両となったH48号車「Hypatia」は無事に回収されて、修理を受けた上で戦列に復帰した。ただしドイツ軍戦車として。鹵獲された菱形戦車の6ポンド砲は、稼働の可否にかかわらず、ドイツ軍の砲に換装された。

館にも関係が深い、このような鹵獲戦車の一例として、1917年11月27日にブルロンで鹵獲された「Flirt Ⅱ」の顛末を追う。「Flirt Ⅱ」は、ドイツ軍が鹵獲して修復を試みた50両の戦車のうち、戦闘可能状態まで復元された30両（オス型12両、メス型18両）のうちの1両である。残りの20両はスペアパーツ用の予備車両、あるいは戦車の装甲を分析するために、標的などで使われた。

ドイツ軍は占領下のベルギーの都市、シャルルロアに司令部を置いていた第20バイエルン軍車両工廠（BAKP-20）を指定して、鹵獲戦車の修復にあたらせていた。モンソー＝シュル＝サンブルの西にある大工場アトリエ＝ジェルマンが修復および集積場に割り当てられ、カンブレー北東のリュ＝サン＝タマンが戦車の操縦訓練場になっていた。

「Flirt Ⅱ」とともにブルロンで敵の罠に落ちたF13号車「Falcon Ⅱ」の方が、短期間ではあるが有名な戦車になったというのは、少し皮肉めいている。12月、「Falcon Ⅱ」はル・カトーにて前線視察中のドイツ皇帝ウィルヘルムⅡ世が見学することとなった戦車であり、その後、ルプレヒト軍集団（A軍集団）の装備となったからだ。さらにカンブレー戦における「イギリス」戦車として、立ち木を押し倒す場面の撮影に使われて、ドイツのニュース映画にも登場している。当時のドイツで最も有名な菱形戦車であったと言えるだろ

▼ベルギー、モンソー＝シュル＝サンブルのアトリエ＝ジェルマン工場では、鹵獲したマークⅣ戦車の修復作業ないし部品取りがおこなわれていた。

◀ドイツ軍はフランスのリュ＝サン＝タマンに戦車の訓練場を設け、ここでドイツ軍戦車兵はイギリス戦車の操縦法や、様々な障害物への対処法を学んだ。写真のオス型戦車は、若いドイツ軍士官たちが見守る中で、傾斜地の踏破に挑んでいる。

▲F13号車「Falcon Ⅱ」はドイツの映像作製に使われ、ル・カトーでは皇帝の目にも留まった。泥地脱出用角材は固定されていないように見える。

う。ただし、最終的に戦争を生き延びたのはF4号車「Flirt Ⅱ」であった。

あらゆる角度から調査を試みても、ドイツ軍は修復した戦車に関して、製造国イギリスにおける製造番号や部隊番号などに繋がる資料は作製しなかったようだ。もっとも、そのような情報に興味を持つのは歴史家だけであるが。それでも「Flirt Ⅱ」は損害を被っていたことから、戦線に復帰したとは考えにくい。

もちろん、1917年11月に「Flirt Ⅱ」がブルロン付近で損傷を引き金に戦場に遺棄されてから、第二次世界大戦の終了後にボーヴィントン戦車博物館に運び込まれるまでの間に、この車両にどんな事件が起こったのか追跡するのは不可能である。だから、我々はこの「Flirt Ⅱ」が戦前と戦後ですり替えられたりせず、同じ戦車であったと仮定するほかない。

「Flirt Ⅱ」がモンソー＝シュル＝サンブルで修理を受けたことはまず間違いないだろう。しかし、その後の追跡は不可能である。H48号車「Hypatia」のように修理を受けて戦列に復帰した戦車も存在するが、「Flirt Ⅱ」については、車体の状況から、この戦車はスペアパーツの供給源としてのみ使用されたのであろう。また、ドイツ軍は独自のルールにしたがって鹵獲戦車を再塗装したために、イギリス軍における痕跡が消されてしまったわけだが、これが失敗したことで、識別が可能となった車両もある。「Flirt Ⅱ」にもそうした仮説が当てはまる可能性もある。もっとも、否定するのは不可能であるが、現状では問題が多いように思われる。

各種の証拠を照合すると、ドイツ軍戦車部隊は鹵獲したマークⅣ戦車のうち約30両を使用可能にして、6個大隊に配備した。ただし全車が一斉同時に使用されたわけではない。大半は「Falcon

▶鹵獲されたオス型戦車の戦車砲は、マキシム＝ノルデンフェルト製57mm砲に交換されたが、外見はオリジナルのそれと類似していた。

▶▶おそらくリュ＝サン＝タマンの訓練場で撮影されたマークⅣ戦車（メス型）で、例外的にMG08重機関銃を車体正面に装備している。

▶派手な迷彩塗装を終えた戦車は、鉄道によって最前線の分遣戦車隊か、訓練場に送られた。

Ⅱ」のようなメス型であり、ドイツ軍はこれにMG08水冷重機関銃を装着しようとしたがうまくいかず、鹵獲したルイス機関銃をドイツ軍の7.92㎜弾が撃てるように改造ししたものを使った。また鹵獲したたオス型については戦車砲をマキシム＝ノルデンフェルト製57㎜砲に換装したが、これはイギリスの6ポンド砲と似ていて、見分けがつきにくい。しかしこの改修は砲架の再設計やスポンソン開口部への増加装甲の追加など手間がかかるものであり、少数の鹵獲戦車の改造にかける労力に見合うか疑問が残る。このことについては、鹵獲されたオス型の数が少ないという事実が答えになるかも知れない。というのも、オス型戦車は損害を受けると、搭載している弾薬などが引火、爆発しやすいため、鹵獲数の割には使用できない車両が多かった可能性があるからだ。これが最初からメス型に比べてドイツ軍では数が少ない主要因であったとも想像できる。

ドイツ軍の資料には、マークⅣ戦車がドイツ軍のA7V戦車と比べてひどく狭苦しいという評価があるが、これはドイツ軍がマークⅣ戦車の乗員数を12～13人と、本来より4人以上も多いものと誤解していたことが原因である。また、ドイツでの改装作業のいずれかの時点で、操縦室の天井にA7V戦車で使用しているのと同じコンパスが取り付けられた。だが、これは失望に終わったはずだ。金属製の車体に直接取り付けて使用するなら、磁気調整を常にしていなければならないので、使い物にはならないし、泥地脱出用角材を使用した場合、その振動で破損する可能性が高かったに違いない。そこで鹵獲戦車の改造では、支持レールの位置を調整して、操縦室の天板を通過する際の振動を抑えるようにしていた。以上の例も含め、すべての状況を考慮すると、ドイツ軍関係者はイギリス製のマークⅣ戦車には積極的な関心を寄せなかったらしい。これは戦車に寄せる期待と、現実の差が大き過ぎた結果でもあるだろう。しかし、英独双方のエンジニアがマークⅣ戦車について意見の一致を見るとすれば、それは操向装置のひどさだろう。とりわけセカンダリ・ギアの操作のために2名の乗員を要する点は、理想からはほど遠い。実現はしなかったが、ドイツ軍がこの操向装置の抜本的な改善を試みたという通説の存在も驚

くにはあたらない。

アトリエ＝ジェルマンの工場を後にした鹵獲戦車には、灰色、黄色、緑をベースに茶褐色のドットを加えた、鮮やかなカモフラージュ塗装が施された。さらにその上には識別記号の鉄十字と部隊記号、戦車の車両名などが描き入れられた。戦車は低速で歩兵の進撃速度に合わせられなかったので、ドイツ軍では歩兵が攻略せずに迂回し、砲兵も撃破に失敗した敵目標を攻撃する補助的な任務に鹵獲戦車を投入した。しかし、実際に戦場で鹵獲された菱形戦車と遭遇したイギリス兵は、多くの場面で算を乱して退却する傾向にあった。これはまさに前年の戦場で、はじめて戦車に直面したドイツ兵と同じ反応であった事は、注意しておくべきだろう。

ドイツ軍は鹵獲戦車を分遣戦車隊に組織して、すでにA7V戦車に割り当てられた部隊番号に続く番号を与えていた。分遣戦車隊は鹵獲したイギリス戦車5両で編成され、57㎜砲の調達の有無によって左右はされたが、基本的に2両がオス型とされていた。

しかし鹵獲戦車の運用が始まった頃、ドイツ軍に

▼第12大隊のメス型戦車、L52号車「Lyric」には、イギリス軍式の記号や番号がかなり残っているので、戦争後半になって鹵獲されたものであろう。戦後、この戦車を接収したフランスでは、ル・フォルト・デ・ラ・ポンペッレで観光客相手の見世物として使われていた。天板上に確認できる2本の鉄棒と頑丈な構造のブロックは、この車両が牽引用車両として使われていたことを示している。これは牽引ケーブルを履帯が巻き込まないようにするための工夫であり、戦車軍団では牽引車両の名で知られていた。

とって戦況は日増しに悪化を続けており、1918年10月の中旬にはモンソー＝シュル＝サンブルから設備を撤収して、ドイツ国内に移設する旨の命令が出された。新たな場所はは、マインツ近郊のグスタフスブルクのMSN工場に設けられるとされた。

しかしこの決断は遅すぎた。戦局の推移は想定以上に早く、1918年11月11日に講和が成立した時点では、モンソー＝シュル＝サンブル撤収は手つかずのままであった一方、イギリス軍との最前線は比較的近いモンスにまで到達していたのである。次に事態が動いたのは11月28日、戦車軍団所属の第17（装甲車）大隊の6両のオースチン装甲車がこの地区にやってきた。もっとも彼らの関心事は該当地区の安全確保であり、戦車の残骸が山積みになっていた工場の検分は後回しにされた。

この時点でのモンソー＝シュル＝サンブルの状況は不明である。稼働戦車はドイツ軍部隊に持ち去られていたと見るべきで、故障車やスペアパーツが抜き取られた車両のみがこの工場に残されていたのであった。「Flirt II」がこの時、どこにあったのかとも疑問として残される。しかし鹵獲戦車は修理を受けて部隊配備されていない限りは、再塗装されずに、イギリス軍での所属が分かるような状態のままというのが普通であったから、部品取りに使われていたと考えるべきだろう。もっとも、このような前提はあっても、正確な時間や記録が残っているわけではないため、ある程度の推測が必要になる。

1918年11月に停戦合意の調印が為された後で、3両の鹵獲マークIV戦車（メス型）がフライコーアのもとに残り、共産主義者のスパルタクス団との内戦状態の争いで使用されていた。1919年1月になると、ベルリンの通りで戦車が姿を見せるようになる。戦車を指揮しているのは、戦時中は戦車部隊に所属していた将校であった。5月までに彼らはライプツィヒに移動し、Kokampf（フライコーア装甲部隊）の名で知られる部隊に編入された。しかし戦車として使われる機会がほとんどないまま、翌月末にドイツ政府がヴェルサイユ講和条約に調印した結果、彼らは残存する稼働戦車をすべて破棄するよう強制されたのであった。

それとは別に、1両のメス型のマークIV戦車がシュトゥットガルトのダイムラー工場まで運ばれて、ドイツ版のマークIV戦車開発研究に使われている。これは極秘計画であったため、公にされることはなく、1920年まで続けられていた。

ダイムラー社ではマークIV戦車を参考にしつつ、ドイツ独自の工夫を凝らした菱形戦車A7V-Uを開発していた。当然、ダイムラー社はマークIV戦車を一通り検分したが、A7V-Uの開発自体はドイツ軍独自の技術的経験や運用思想で設計されたものであり、過度な設計要求からこの戦車開発計画は失敗に終わった。A7V-U戦車をイギリス設計の幼稚な模倣と片付けてしまうのは早計である。

▶停戦合意の後も、ドイツ軍は少数の鹵獲戦車をフライコーアに移して、スパルタクス団との内戦に投入していた。写真の「Hanni」と名付けられたメス型戦車は、1919年3月にベルリン内に設けられた貧弱なバリケードを踏み潰している場面である。同年夏にドイツの降伏が確定すると、フライコーアの戦車はすべてスクラップ処分にされたらしい。

対戦車兵器 — デヴィッド・ウィリー

戦車の登場に対するドイツ軍の反応にはいくつかの段階がある。はじめて遭遇した時の衝撃と、これに対処するための一種のパニックから始まり、戦車の実力が判明してからの楽観視、そしてカンブレー戦での集団運用に直面した後の、新たな危機感といった具合に。そうした危機感の変化は、対戦車兵器や戦術も変化にも反映された。最初は手榴弾しか有効な手段がなかったが、やがて対戦車壕などの地形上の罠が組み合わされ、対戦車砲兵戦術が導入されると同時に、様々な対戦車兵器も登場した。地雷や火焔放射器も、対戦車戦を意識して改良、強化された。

1916年9月、ソンムの戦いで初めて戦車が戦場に姿を現した時、これに直面したドイツ兵は心の底から恐怖して、一部では「戦車恐怖症」を引き起こした。この最初のショックの後で、戦車についての分析と評価がおこなわれ、ドイツ陸軍の総司令部では独自戦車の開発を要求すると同時に、緊急対処策として「近接戦闘」用の砲兵中隊50個の編成が命じられた。

実験を通じて、敵戦車を砲で撃破するには57mmから77mm程度の口径が必要であるとドイツ軍は判断した。1917年の初頭、クルップ社は距離3000mで30mmの貫通力を持つ7.7cm野砲用の対戦車砲弾を開発した。

また新編成の砲兵中隊には7.7cm FK96 n.A.野砲が配備されたが、転輪の直径は従来型の1.36mから、約1mの小型転輪に交換されていた。この新編砲兵中隊には弾薬運搬車の割り当てがなく、また輓馬の数も通常は野砲1門あたり6頭のところ4頭しか割り当てられなかった。新編の近接戦闘用歩兵中隊は前線の一定戦区を担当し、その砲は陣地で隠蔽されての待ち伏せ的な運用を前提としているためというのがその理由であった。対戦車砲として固定的に用いられるものであるため、準備砲撃や対抗砲撃には参加しないので、機動性は重視されなかったのである。敵歩兵や戦車に友軍陣地が攻撃された場合のみ、隠蔽位置から引き出されて戦闘に参加するという運用である。また敵戦車を撃破した中隊には500マルクの賞金が与えられたた。航空機1機当たりの撃墜賞金が150マルクだったのと比較すると、いかに敵戦車の無力化が重視されていたか分かるだろう。

■他の対戦車兵器

ドイツ軍では、戦車の登場以前から小銃用の徹甲弾、SmK 7.92mm徹甲弾を使用していた。この徹甲弾は通常のライフルや機関銃に装填可能なクローム＝ニッケル鋼弾芯弾で、観測地点や塹壕内の狙撃兵を守るために使用されていた鋼鉄製シールドを無効化するために開発された。しかし、量産が困難な弾丸であるために、一般的な戦闘で使用されることはなかった。

手榴弾は集中的に使うことで有効な対戦車兵器となったが、弾体を2個追加した形の集束手榴弾は、履帯を破壊したり、天板を貫通する威力があるので、とりわけ有効であった。8個の弾体が通常の手榴弾に結束された集束手榴弾の写真もある。イギリス軍も手榴弾を天板に投げ入れられるのを警戒して、マークⅠ戦車の時点で鉄製ワイヤーで編まれた手榴弾防御ネットを天板に装着しするようになった。同じような素材を使用した即席の防御手段は、今日の装甲車でも使用されている。

またドイツ軍は対空中隊の装備が対戦車戦闘に有効であることに気付いた。対空兵器搭載車両の開発

▲グレンクール砲。7.7cm FK96 n.A.は、第一次世界大戦におけるドイツ軍の標準的な野砲である。写真の砲は1917年11月20日のグレンクールの戦闘において、写真（左）のA.G.ベイカー中尉が指揮し、砲手がD.T.フィリップが乗り組んでいた「GorgonzolaⅡ」に制圧されるまでに、第7大隊所属の戦車に多数の命中弾を与えていた。7.7cm砲は修復されて、「グレンクール砲」という名のトロフィーとしてイギリスに持ち帰られた。ベイカー中尉はミリタリー・クロスを、フィリップはミリタリー・メダルをそれぞれ授与された。

▶MG08と、その後期型のMG08/15重機関銃はともにS.m.K.徹甲弾を使用できたが、弾薬の供給力はごく限られていた。写真のようなMG08重機関銃をスレッジ・マウントに組み合わせ重量は52kgもあったため、軽量型の機関銃が開発された。

▶MG08/15重機関銃は15kgも軽量化されたタイプである。シンプルな構造の二脚で運用できるように設計されていた。写真は1917年11月24日、カンブレーの戦いの折に戦車軍団によって鹵獲されたもの。

▶7.7cmK型対空戦闘車（K-Flakwagen）。移動範囲はほぼ路上に限られていたが、新型の徹甲弾は対戦車戦に有効であった。

▶1918年後半にダイムラー社が製造した試作ハーフトラック。3.7cm海軍砲を搭載した本車は、K型対空戦闘車より柔軟な不整地走破能力を示した。

ら、戦争中は様々な火器を搭載したトラックやハーフトラックが試作された。

口径7.58cmのミーネンヴェルファー、すなわち迫撃砲も、有効な対戦車兵器であることが証明された。ライフリングされた砲身を持つこの迫撃砲は、かねてから前線で使用されていた、車台との一体構造の支援火器であり、前進する歩兵に追随して彼らに最前線で火力を提供する役割を担っていた。この迫撃砲の車台を大型化して野砲に近い俯角を与えられる構造に設計を改め、平射できるように改造することで、距離1200mの標的に4.6kgの砲弾を直接撃ち込むことができた。

戦車の攻撃に直面する可能性がある地域には、「対戦車要塞」とでも呼ぶべき陣地帯が構築された。この陣地帯は様々な口径の対戦車兵器を備えたコンクリート製の永久陣地や、「パンツァー・クッペル（装甲ドーム）」と呼ばれた可動式の装甲トーチカなどで構成されていた。パンツァー・クッペルには通例、特殊な架台で動かせるようになっていた5.7cm速射砲が配備されていた。

ドイツ軍の対戦車兵器についてはかなりの数の写真が残っていて、一部には対戦車兵器としての火焔放射器の訓練をドイツ兵が受けている様子が確認できる。火焔放射器には次のような種類があった。

- ■「グローフ（Grof）」は最も大型で固定運用が前提の放射器であり、100リッターの燃料によって45mの目標に1分間の火焔放射ができた。
- ■「クリーフ（Klief）」は個人携行の火焔放射器で、燃料は10リッター、圧縮ガスによって燃料を噴出させた。燃料ホースを支持する補助員が帯同する必要があり、射程29mの目標に5秒間の放射ができた。
- ■「ヴェックス（Wex）」は二重のドーナツ型のタンクによって構成された個人携行火焔放射器で、外側のタンクに燃料、内側に圧縮ガスが充填されていて、1人での操作が可能であった。射程は18mであった。

いずれの火焔放射器操作員も、敵戦車が射程内に充分に近づくまでは身を潜めているのが基本であった。

■罠と対戦車障害物

戦車の接近を妨げる最も単純な方法は、落とし穴を掘ることだ。戦車用の落とし穴はネットや木の枝と芝土などで隠される。落とし穴の理想的なサイズは幅、深さとも4mとされていた。場合によっては、穴の底には地雷が埋設されたり、エンジンを破損さ

せる目的で水が張られている。また陸軍総司令部では、塹壕の幅が2.5mあれば、戦車が単独で通過するのは困難であると見積もられていた。

戦車の路上移動を妨害するには、コンクリート製の障害物を置いたり、丸太、倒木で埋め尽くしてしまうのが有効と考えられた。ヴェルダン近郊では、ドイツ軍は鋼鉄製のワイヤーを障害物の間に張り巡らせて、戦車が容易に通過できなくする工夫をしていた。

対戦車地雷はなかったが、ドイツ兵は手持ちの野砲用の砲弾や迫撃砲弾から即席の地雷を作製した。これらは地面に埋めて使用されるが、信管を圧力感応式に交換しているだけでなく、感応範囲を広げるために、信管の上に木の板などを置いていた。戦車を破壊するには12〜25kgの火薬が必要とされていた。

ところが、1917年にアラスの戦いやビュルクールの戦いで、戦車を投入してきた敵の攻撃が失敗に終わったのを目の当たりにしたドイツ軍では、対戦車戦闘の緊要性が低下した。泥濘が広がり、野砲の威力が何よりものをいう戦場では、戦車はそれほど大きな役割を果たせなかったのである。

1917年春期の戦いでは、訓練用となっていたはずの、D26号のようなマークⅡ戦車も戦闘に駆り出された（同様の例として、ボーヴィントン戦車博物館の展示車両となっている「Flying Scotsman」がある）。訓練用戦車には、表面硬化処理を施した装甲板は使われず、車体は軟鉄製であった。D26号はドイツ軍支配地域に侵入して間もなくのところで撃破されてしまい、後にドイツ軍の手で詳細に検分されている。この時の実験で、ドイツ軍は小銃用のSmK徹甲弾でも容易に菱形車体の装甲を貫通できることを確認し（ドイツ軍はこの車両がもともと訓練用戦車という事実に気付かなかった）、他にも砲撃で破壊された戦車が確認されたため、陸軍総司令部では既存の対戦車兵器開発計画および独自戦車の開発計画で充分に対抗できる見通しが立てられ、ようやく一息つくことができたのである。同時期の4月にはフランス軍もシュナイダー戦車を投入しているが、これも大損害を出して失敗に終わったことも、ドイツ軍の自信を強めていた。このような、一連の偽りの優位に気付かなかったドイツ軍は、1917年5月に新編の対戦車砲中隊を解散してしまったのである。

しかし、同年後半にフランダース地方でマークⅣ戦車が投入されると状況は一変する。鹵獲した実車を検分したところ、ドイツ軍はここで初めて、戦車の装甲が以前より厚みを増していて、表面硬化処理まで施されている結果、SmK徹甲弾では歯が立たないことに気付いたのである。

さらに1917年11月のカンブレーの戦いにおける、緒戦での戦車の成功は、この新兵器の潜在能力を改めてドイツ軍に思い知らせる結果となった。対処の一環として、鹵獲されたマークⅣ戦車は、ドイツ軍戦車部隊の装備となった。さらにA7V戦車（開発部署であった「戦時省運輸担当第7課」の頭文字に由来する）の開発計画が、1917年初頭から、ヨセフ・フォルマー（1871-1955）の主導により始まった。第一次世界大戦後、フォルマーはチェコスロヴァキアとスウェーデンに赴き、そこで戦車の「秘密開発計画」に従事している。また独自開発の戦車であるA7V戦車に関しては、先にシャシー関連部材から先行して製造されていたが、連合軍戦車の脅威度が低下したとの誤判断から、A7V開発計画はペースダウンしていた。その結果、カンブレーの戦いの直後、1917年12月の時点で、A7Vの車体製造に使える装甲部材は10両分しか用意されていなかったのである。A7V戦車の実戦投入は1918年3月のことであり、最初の戦車同士の戦闘は4月にヴィレル＝ブルトヌーで発生した。戦車による対戦車戦闘の有効性については、実例が少なすぎて、第一次世界大戦では結論は出せなかった。

1917年10月に、ドイツ陸軍総司令部は、新たな対戦車兵器の開発を命じている。カンブレーで証明された戦車の脅威が、この開発を促進したが、新型の対戦車銃が前線配備されたのは1918年の後半になってからであった。この対戦車銃は、口径13㎜のシングルショット式で、かなり大型であった。休戦協定の締結までに約1万5800挺が製造されていたが、ほとんどの前線部隊は、この対戦車銃の存在を知らなかった。反動は凄まじい銃であったが、首尾良く戦車に命中して、装甲を貫通したとしても、重要部位を破壊しなければ小口径弾で戦車の動きを止めるのは不可能であった。この問題は1918年9月に実施された試験で答えが出された。鹵獲したマークⅣ戦車を狙った18発の徹甲弾は、いずれも戦車の行動力を奪うには至らないと判定されたのである。

1918年には数多くの対戦車兵器が試験されており、順調であれば翌年には実用化の目処が立っていたものばかりであった。この中には口径13㎜の対戦車機関銃も含まれていた。しかし1918年後半に、ドイツ軍の戦況は著しく悪化し、ヴェルサイユ講和条約の結果、このような開発計画はすべて破棄されたのであった。

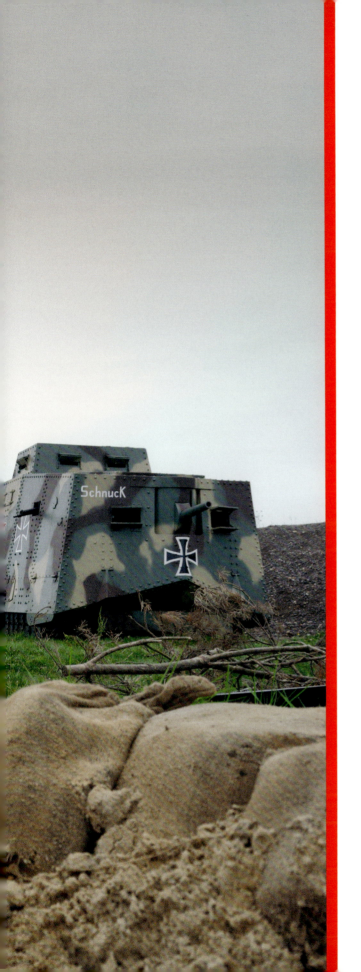

【第7章】
退役車両と現存車両

おそらく今日の世界では7～8両のマークⅣ戦車が現存している。1200両の製造数から比較すれば、決して多い数ではない。本章では、これら現存車両から5両を採りあげ、各々が体験した興味深い物語によって、それらがいかにして製造され、どのような戦いを経験し、そして保存されるに至ったのか、読者に知っていただくのを目的としている。本来であれば、これらの現存車両は、可能な限り最初の姿のままで永久に保管されるべきであるが、保存のために後世の手が加えられてしまっていることは認めねばならない。

◀ボーヴィントン戦車博物館のアリーナには、マークⅣ戦車とA7V戦車のレプリカが展示されている。レプリカの使用は、第一次世界大戦における実際の戦車同士の戦いを、実際以上に迫力満点なものとして演出してしまう危険性がある。

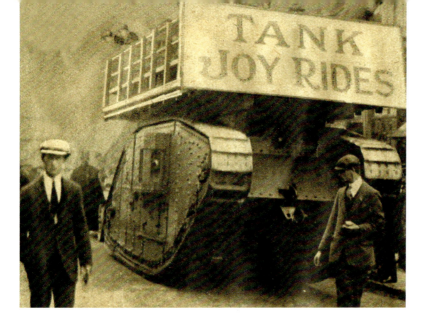

▲サウスエンドオンシーにて観光客向けのアトラクションとして使われたマークⅣ戦車（メス型）。世界大戦が終わり、戦車軍団の退役士官で作られた協会によって運用された。

▶「Whiskey & Soda」と名付けられたこのマークⅣ戦車（オス型）の写真は、終戦間際のアイルランドで撮影されたもの。泥地脱出用角材のレールが取り外されているのは、そうした用途を想定する必要がなかったからだろう。

現存車両

　第一次世界大戦直後に発行された戦車軍団の会報には、退役した戦車軍団の士官を招聘して、ある種の計画を推進するという記事があった。当初、詳細は伏せられていたが、これは間もなく、ロンドン近郊のリゾートであるサウスエンドオンシーのホリデイマーケットの目玉として、余剰のマークⅣ戦車を使っての体験試乗アトラクションをおこなう際の操縦員の募集であることが判明した。

　この時の写真を見ると、マークⅣ戦車からはスポンソンが取り外された姿で、天板の上に増設した大型デッキに観客が乗れるように改造されていたことが分かる。このアトラクションに感銘を受けた画家が寄稿した有名誌の挿絵には、エンジンの左右に前向きの座席を仮設して、天板の上だけでなく、地面に近い位置にも客を座らせられるようになっている姿で描かれている。この観光アトラクションについては映像もいくつか残っていて、上部デッキに満載された乗客のいかにも楽しそうな姿を確認できる。しかし、この様なアトラクションがいつまで続き、またいかなる条件でこの戦車搭乗ツアーに参加できたのか、詳細は不明である。おそらくビジネスとしては、短命に終わったであろうと推測される。

　これとは別に、1918年の時点で、少なくとも2両のマークⅣ戦車がアイルランドに所在していたことが判明している。名前はそれぞれ「Scotch & Soda」と「Whiskey & Soda（後にCorkに変更）」で、用途は治安維持のためとされていたが、乗員が戦車軍団の戦車兵であったかどうかは分からない。1919年1月以降、戦車の運用は戦車軍団第17大隊（装甲車）が担うこととなり、マークⅣ戦車はマークⅤ*戦車やマークAホイペットと交替となった。

　菱形戦車は戦時公債の募集宣伝用として各地で興業にも使われたが、有名なHMLSブリタニア戦車に加えて、10両以上のマークⅣ戦車（メス型）がアメリカに供給されて、現在、そのうちの1両がメリーランド兵器博物館で現存している。しかし彼らは戦時中からすでにマークⅤ戦車を使用していたし、マークⅤ*戦車の導入も早かった。それにもかかわらず、なぜ当時のアメリカ人がこの用廃戦車を欲しがったのか、理由は定かではない。

　オーストラリアとカナダにも、それぞれ1両ずつ戦時公債のためにマークⅣ戦車が送られていて、ともに保存されている。しかし英領マラヤに派遣する計画は破棄されたようだ。それより先に、英領マラヤからは戦車2両分に相当する資金を調達できていたが、そのうち1両には、履帯フレームの外側に独特の目の模様の装飾が施され、彫金された装飾板が追加された。この車両は第6大隊の所属車両としてフランスで使用された。アルバート・スターンによれば、この戦車は戦後、英領マラヤに戻されるように望まれたとのことであるが、その後、実際にどうなったかは不明である。

　日本も、戦後にマークAホイペットをはじめとする、様々な装備品をイギリスから調達したが、その中に1両のマークⅣ戦車（メス型）が加えられていた。これらに含まれた各種車両は日本陸軍の兵器製造技術者の研究用に使われると同時に、日本陸軍の戦術的な選択肢を解決するための知識を提供した。ただし、マークⅣ戦車はもっとも無益な買い物となったようで、その後の運命もよく分からない。

　ノーフォークのブラムでは、イギリス海軍航空隊で1両のマークⅣ戦車（メス型）が特殊な用途で使

▲アメリカでの戦時公債募集に従事したマークIV戦車（メス型）の様子。戦車の威力を見せつけるため、木造家屋に突入して破壊するという、当時よく見られたパフォーマンスを披露している場面。

▲フォスター社製のマークIV戦車、2341号車は、カンブレーの戦いでは「Fan-Tan」と呼ばれていた。この車両は英領マラヤにて、中国系実業家トン・セン氏の寄付による公債購入費用で製造された戦車であり、彼の強い要望で、中国のジャンク船によく用いられる装飾に倣って車体両側面の前方に目の装飾が描き入れられた。

▲終戦間際には日本にもマークIV戦車（メス型）が1両供給された。エキゾチックな塗装で仕上げられたこの車両は、以降の日本の戦車開発に積極的な影響は及ぼさなかった。

▲訓練用261号社のマークIV戦車（メス型）は、ノーフォークのプラムにあったイギリス海軍航空隊の飛行場で、飛行船繋止、牽引用の車両として使用された。戦車の車体正面には軽量鉄骨で櫓が組まれ、飛行船と繋がれるようになっていた。しかし、この慎重を要する連携作業の間、戦車と飛行船の乗員がどのように連絡をとり合っていたか、その方法は不明である。

◀ロンドン北部、ドリス・ヒルで対戦車除去ローラーの試験に使われたマークIV戦車（メス型）。サー・レジナルド・ベーコン提督の主導によるこの実験は、アヴェリング＆ポーター社製の蒸気ローラーから取り外した2個の大型ローラーを流用して実施されたが、期待の性能は発揮しなかったようだ。

▲ドリス・ヒルでの同じ車両であるが、写真の場面では動かなくなってしまい、ホイペットの試作車両によって牽引されている。スポンソンは取り外されて、木製の覆いが取り付けられている。

▲ボーヴィントンで使用されていたマークⅣ補給戦車。通常はサルベージ用のジブクレーンが装着されていたが、写真のように車体後方に設けた操縦席からマニュアル操作する大型ウインチが据えられて、クレーン車として使用されることもあった。

用されていた。ピラミッド状の軽量鉄骨製の櫓が車体上部に設置されて、これと飛行船の機首をケーブルで繋いで、飛行船はその連結部を軸に自由に向きを変えることができた。このアイデアによって、飛行船を地上に繋止する際の大量の人手を減らすことができたようである。しかし飛行船と戦車が、この作業中にどのように連絡をし合っていたか、その方法は不明である。

また出所不明の報告として、フィリップ・ジョンソン中佐による高速戦車開発のために、1両のマークⅣ戦車が研究機材として使用されたことになっている。この報告書では、マークⅣ戦車に耐久性重視のリーフ・サスペンションを装着したとされているが、エンジンおよびトランスミッションの強化までは言及されていない。これとは別に、蒸気ローラーから転用した、2個の頑丈なローラーを装着したマークⅣ戦車（メス型）の写真も存在している。これは地雷除去装置として、ドリス・ヒルの戦時機械開発部で改造されたものと信じられている。この開発計画は弾薬考案部の責任者であるレジナルド・ベーコン提督が主導していたが、試験結果は不明である。

アシュフォード戦車

ケント州アシュフォードに屋外展示されている戦車に関して、その由来や正体につながる逸話はほとんどないが、おぼろげな痕跡をたどると、ボーヴィントンで操縦および整備の訓練に使われたか、あるいはラルワースで砲撃訓練に使われていたことが伺える。車体形状から一目瞭然ではあるが、車体の両側に描かれた3桁の数字は、マークⅣ戦車（メス型）であることを担保している。そしてこの戦車が現存している理由は、マークⅣ戦車に関するあまり知られていない、別の視点からの物語を提供してくれるのである。

1917年11月、ロンドンにて大々的に開催されたロード・メイヤー・ショーに、オス型とメス型のマークⅣ戦車のペアも参加していた。このショーは大変な人気を博したので、オス型のマークⅣ戦車はトラファルガー広場にて軍用兵器展示の目玉となった。そして直後に続くカンブレーの戦いでの成功報道は、ロンドン中の教会の鐘が一晩中鳴り響くような祝祭ムードを盛り上げて、市民の戦車への感謝の念が否応なしに高まったのである。

その結果、5両のマークⅣ戦車（オス型）が全国巡回用の戦車として国家戦争倹約委員会の後援の元に選抜されたが、この中にトラファルガー広場に展示されていたオス型も含められた。この場所に由来して、戦車の名前は「Nelson」となったが、同時に訓練車両としての番号である130番も残されていた。他の巡回する戦車は「Julian」（113番）、「Iron Ration」（138番）、「Drake」（137番）、「Old Bill」（119番）で、後に戦闘で損傷した「Egbert」も加えられた。彼らは鉄道に乗せられて、イングランドやウェールズ、スコットランドの各地の町や都市を巡回するのが任務であった（スコットランドではこれとは別の戦車が独自の判断ですでに巡回していた）。巡回地に到着した戦車は、貨車から降ろされるとまずスポンソンを展開して戦闘時さながらの姿となり、聴衆が見守る中をパレードした。そして町の中心地となる広場や施設に到着すると、そこで地元の高官や有力者が

▲1917年11月1日、オス型とメス型の2両のマークⅣ戦車がロンドンシティーでロード・メイヤー・ショーの目玉としてパレードに参加した。

▲トラファルガー広場に置かれていた「Nelson」とその乗員たち。左側の人物は戦争協力に熱心だった市民で、軍服を着て一緒に撮影を望んだもの。

愛国的な演説をするわけだが、巡回戦車は市民に戦時国債（後に勝利国債：Victory Bonds）の購入を呼びかけるこのようなイベントの、強力な援軍として使われたのである。このようなイベントでは、たいていは地元の銀行が派遣したかわいらしい女性が戦車の側にいて、見学に来た観衆に声をかけては、すぐ近くの銀行や郵便局で手続きができる貯蓄証書を手渡しするサービスも付いていた。これらのイベントで集められた資金は、今日の基準から見ても、かなりの高額となった。戦車の存在がこうした巨費を集め、勝利に貢献する大きな力になったとも言える。

1919年、国家戦争倹約委員会は陸軍省の合意と協力を取り付けると、265両の戦車をイングランドとウェールズの各地に、人口に応じて分配する事業を開始した。対象の戦車は大半がボーヴィントンで使用されていた訓練用車両であったが、戦車の配布に申し入れをした町に鉄道で運ばれると、公共広場や公園など、各自治体が準備した場所まで操縦されて、台座などしかるべき枠組みの中に置かれ、記念碑となったのである。ここで、かつての戦時中の巡回戦車のように、地元有力者が記念スピーチを行ない、続いて戦車を指揮した士官が、寄贈された戦車の戦場での大活躍や、内緒話を観衆相手に披露したのであった。もちろん、寄贈車両の大半は訓練用車両であり、実戦は経験していないので、すべてはフィクションであったのは言うまでもない。

配布された戦車には、いくつかの条件があった。まず第一に、この手続きによる地方への配布戦車については、メス型が好ましいとされた。これはもともとの数が多かったことがあるが、万一、国民の間で革命的な機運が広がり、配布戦車が武器として再生されてしまう最悪のケースでも、メス型の装備であれば脅威度が低いという判断があった。またオス型戦車を配布する場合は、戦車生産に関連が深い土地や、戦車に関連する重要人物の出身などに優先的に割り当てられ、こうした条件を元にリストが作られたのである。一方で、一部の自治体では、割り当てを受けたものの単純に場所がなかったり、あるいは兵器の展示を好ましいとは考えないなどの理由により拒否したケースもある。そして、これは明言しておかねばならないのだが、一般的にこの取り決めによって地方に配布された戦車は、それほど現地では人気が続かず、1939年までには大半が撤去されてしまったのであった。そして第二次世界大戦中に、菱形戦車のモニュメントは加速度的に姿を消し、最後に残っ

▼巡回に向かう「Old Bill」。写真を見ると、鉄道移動の際にスポンソンを格納しなければならなかった理由がよく分かる。

◀戦車を見物に来たアシュフォードの市民。「245」という訓練車番号が、このメス型のマークⅣ戦車が何物でもないことを示している。

▲中尉時代のウォルター・ファラーが本当に戦場で指揮していたF22号車「Flying Fox Ⅱ」はカンブレーの戦いにおけるマスニエールでのサン＝カンタン運河の通過に失敗して、壊れて閉まった。戦闘終了後、近くにドイツ軍は別の橋を架設している。

たのがアシュフォードの戦車なのである。

　この稀なる生存者となった戦車はサウス・イースタン鉄道を乗り継いで、1919年8月1日、金曜日にアシュフォードのチャタム鉄道駅に到着した。そして町の音楽隊にともなわれて、セント・ジョージ広場に用意された台座へと移動した。

　アシュフォードに寄贈戦車を率いてきたのはファラー大尉であった。彼はおそらく既出のカンブレーの戦いで、サン＝カンタン運河をめぐるマスニエールの橋梁を破壊した場面でF大隊（第6大隊）にて「Flying Fox Ⅱ」を指揮していた、ウォルター・フレデリック・ファラー大尉のことだろう（第6章参照）。戦車軍団の部隊史原本には、この作戦時の功労者をエドモンドという士官の名で説明しているが、"The Tank Corps Book of Honour"には、はっきりとファラーの名で記されている。

　戦車が台座にしっかり置かれたのを確認したファラー大尉は、集まっていた観衆に対して、目の前の戦車がアラス、ヴィミー・リッジ、そしてカンブレーを生き延びた歴戦の戦車であるという話を披露した。車体には「245」という番号が記されたままで、分かる人間には、これがおそらくボーヴィントンでの訓練用戦車であることは明白であったが、それは問題ではなかった。ひととおりの式典が終わると、改めて賓客として戦車兵たちのためにバンド演奏がおこなわれた。そして、戦車からファイナルドライブのチェーンを撤去して使用不能にしてから、乗員たちはボーヴィントンに帰還した。

　菱形戦車の記念碑がどんどん撤去されて、スクラップになる中で、アシュフォードの戦車だけが生き残ったのは、おそらく、サウス・イースタン電力委員会がこの戦車を変電所として使用していたからだろう。アシュフォードの戦車は、車内の装備品と燃料タンクなどが撤去されて、代わりに変電設備が詰め込まれたのである。変電設備は、記念碑よりずっと実用的であったため、その場に残ることになったのだ。それでも1972年に変電設備が撤去されると、再びアシュフォードの戦車は無用の存在に降格した。

　ところが、1982年にこの地域一帯が再開発区画に指定される頃には、アシュフォードの戦車の

◀1960年代には、アシュフォードの戦車は唯一の生き残りであったが、かなり状態もひどくなっていた。

◀アシュフォード戦車の再整備式典の様子。

希少性が改めて注目されるようになり、リンカーンやボーヴィントン、カナダなどから譲渡の打診があった。そこでアシュフォードでは、状態がひどくなっていた戦車を再整備して外見を整え、雨よけ用の屋根を設置した。再開発計画ではセント・ジョージ広場に面するショッピングモール建設が目玉であったが、同時期には地域の戦車軍団協会が名乗りを上げて、戦車の修復と再塗装を主導した。この時に、なぜか〈白／赤／白〉のストライプと「T1234」という架空番号も追加されているが、訓練車番号の「245」を車体前面もしっかりと復元された。現在、アシュフォードの戦車は、6本の支柱で支えられた屋根に守られながら、しっかりした台座に据えられている。

2005年には、地元新聞紙によれば1万2500ポンドをかけて再整備が行われ、戦車の車体後部の破損も修復された。2006年11月11日の第一次世界大戦休戦記念日に、アシュフォード戦車は公式に戦争記念碑として扱われることになった。

◀今日のアシュフォード戦車は、セント・ジョージ広場でしっかりした屋根に守られている。

4093「Lodestar Ⅲ」

ベルギー、ブリュッセルの王立軍事博物館に展示されている「Lodestar Ⅲ」を採りあげるのは、主に2つの理由からなる。第一に、このオス型戦車が

▼ベルギー、ブリュッセルの王立軍事博物館に展示されている「Lodestar Ⅲ」の前後斜方からの写真。第一次世界大戦の当時の塗装色がそのまま残っている車両と見なされている。泥地脱出用角材が備わった状態なのも注目だ。

▲ゲーツヘッドのアームストロング・ホイットワース社を出立するマークⅣ戦車。鉄道輸送に備えてオス型のスポンソンは格納状態にあり、機関銃用のボールマウントは取り外されている。

戦車博物館のエクセレント戦車（後述）と同じく、タインのアームストロング・ホイットワース社ニューカッスル工場で製造されたもので、4093番という製造番号からたどると、フランスで実戦を経験している貴重な戦車であること。第二に、「Lodestar Ⅲ」が所属していた第12大隊（L大隊）は、第7大隊（G大隊）とともに戦争終了時にMk.Ⅳ戦車を装備していた2個大隊のうちの1つであったということである。

「Lodestar Ⅲ」を含むマークⅣ戦車の発注は1916年12月であったが、最終的に図面が完成したのは1917年1月のことであり、100両──おそらくすべてオス型──がゲーツヘッドのアームストロング・ホイットワース社の最終組み立て工場で完成した。

1917年7月にボーヴィントンで編成された第12大隊は、A.G.マクリントック中佐のもと、人員の大半をサセックス州アックフィールドの機関銃軍団騎兵部隊から集めていた。大隊は1918年1月2日にサザンプトンに移動し、3日後にはル・アーヴルの地を踏んだが、この時点では戦車は配備されていなかった。フランスの戦場で、第12大隊は、第7、第11大隊とともに第4戦車大隊を編成することになったが、3月になると、彼らにはルイス機関銃が割り当てられ、歩兵として戦場に投入されたのであった。

その後、ようやく大隊はマークⅣ戦車を受領し、沿岸部のメルリモンに派遣されると、ここでマークⅤ戦車か、もしかすると最新のホイペット戦車の訓練を受けられるものと期待していた。ところが、両方の戦車は数が不足しているとの理由で、再び大隊の装備はマークⅣ戦車に戻されてしまったのである。部隊の戦時日誌には割り当てられたマークⅣ戦車の戦車の状態の悪さが報告されている。

大隊は8月21日にモワイヨンヴィルで作戦行動を開始した。これはバポームの戦いの方の名で知られている。ドイツ軍に対して複数の戦場で同時攻勢を仕掛けることで、敵に劣勢な状態での戦いを強いるという、ヘイグ将軍の戦略の元に発動されたアミアンにおける大攻勢の一環に位置づけられた作戦であった。大隊の戦時日誌には、霧のせいで航法に大幅な混乱が生じたことと、マークⅤ戦車が配備された第15大隊でさえ、早朝のうちに作戦を引き継いだにもかかわらず、部隊を再集結させて大隊の陣容を整えるのに午後までかかったことが記録されている。

第12大隊がフランスに到着したのが、1918年1月という時期であったことは考慮すべきである。

▶側面に描かれているステンシルによれば、このマークⅣ戦車（メス型）は第12大隊所属車両がドイツ軍によって鹵獲されたものと推測される。損傷は戦闘時に発生したものであろう。ニエルニー近郊で戦っていた第15大隊の所属という説には根拠はない。キャブの天井に据えいたコンパスに衝撃を与えないように角材レールの位置が調整されているのと、カモフラージュ塗装がかなり特殊であるのが確認できる。

このような短期間で「Lodestar」という名の戦車が3代目になっていることに驚かされる。不運なことに、大隊の戦闘日誌や戦史書には、個別の戦車のことが記録されるのは稀なことである。我々に分かるのは、「Lodestar」と名付けられた、車両製造番号8081番のオス型戦車が存在していたという事実のみである。したがって、「Ⅲ世」の名称を引き継ぐまで、前任となる2両の戦車がいたと推測される。

　大隊では、1918年の3月から4月にかけて、ドイツ軍の攻勢に直面している時期にはマークⅣ戦車を配備されていたが、後にはホイペット戦車に装備変更されると告げられていた。しかし実際には、1918年8月のアミアンの戦いで42両のマークⅣ戦車を引き受けたまま、ついにホイペット戦車は与えられなかった。しかも彼らに割り当てられたマークⅣ戦車はいずれも中古車両ばかりで、一部にはカンブレーの戦い以来の古強者もいたと噂されていた。もっとも、すべて修理と整備を受けてから第12大隊に引き渡されており、名前や中隊番号も一新されていた。その中には「LodestarⅡ」がいたとしてもおかしくはない。引き渡しの時点から10月末まで、大隊は常時、作戦に参加していた。破壊された戦車は補充を受けていたはずなので、この期間に「LodestarⅢ」と命名されることになる車両が補充されてきた可能性も高い。もしこの時点で、乗員が生存していれば、以前の戦車の名前を引き継ぎながら、新しい車両にⅡ世あるいはⅢ世を引き継がせるのは不思議なことではない。

　「LodestarⅢ」が実戦に参加したかどうか知る術はないし、残っている装具から糸巻型ファシーンを搭載して、これを実際に使った可能性も高い。しかしそれは、当時のマークⅣ戦車としてはありふれた装備であり、戦闘における特定の役割を期待されてのものではない。

エクセレント戦車

　HMSエクセレントは、1830年にポーツマス港を母港とするようになった三層甲板の戦列艦である。ジョージ・スミス艦長の時代に、エクセレント号は砲術練習艦となった。停泊位置は現在の造船所より北方の、ホエール島と呼ばれている場所にほど近く、砲門は狭い水道と港の北辺を形成している広い泥地の方面に向けられていて、砲撃時の事故を避けるように配慮されていた。

　当初のホエール島は住民がいない泥質の島で、そのすぐ近くにさらに小さなリトルホエール島があった。1867年、ポーツマスに新たな造船所の建設が始まると、この2つの島の間の海が残土捨て場に使われ、結果として島の間は埋め立てられて一つのホエール島となった。この頃からホエール島は小銃の射撃場として使われたが、やがて建物が作られるようになった。島の面積は72エーカーもあり、堤防と土手道によって東のスタンショーと地続きとなった。この時までには、造船所へつながっていた初期の鉄道が解体されている。

　1903年から1905年までHMSエクセレントを指揮していたパーシー・スコット大尉は、船ばかりでなくホエール島の運用にも深く関与していた。イギリス海軍の有能な砲術専門家として、彼はホエール島の条件の良さに着目していたので、熱心に島の設備の充実に取り組んだ。その事業は排水施設の改良や植樹、道路の敷設などによる、ホエール島の土壌改良も含まれる。国王のエドワードⅥ世が1904年2月にホエール島を訪問した際には、スコットは自らウルズリー・モーターカーを使った模擬戦闘を披露した。車両にはマキシム機関銃が装着されていて、将来のイギリス陸軍の装備を先取りした発想を見せたのである。

　1917年、戦車軍団が独自の訓練施設をラルワースに設けるまでの間、戦車軍団の前身である機関銃軍団重装備部隊の隊員訓練場としてホエール島が選ばれて、約2000名の兵士がオチキス製6ポンド砲を使用した訓練に励んでいた。このような協力関係の感謝もあり、かつ砲術練習艦のエクセレントと同じ砲を搭載した縁に鑑みて、HMSエクセレントの名を冠したマークⅣ戦車（オス型）を寄贈することを決めた（以後、混同を避けるためにエクセレント戦車と呼ぶ）。1919年3月29日、本土側から堤防道を使って到着したその車両は、1カ月後の5月1日の公式の寄贈式典を経て引き渡された。ボーヴィントンの戦車軍団訓練センターを指揮していたマシュー=ラノー大佐の主催により、戦車軍団の式典が催された後、砲術練習艦エクセレントの艦長、ロバート・バックス海軍大尉に引き渡されたのである。記録によると、戦車軍団の砲術訓練が実施された、海軍砲術学校のあるチャタム工廠のHMSペンブロークに対しても、同様に戦車が寄贈されたらしい。しかし、こちらの戦車の詳細や、その後の行方などは確認できない。

　ホエール島に寄贈された戦車は、リンカーンのウィリアム・フォスター社製、車両製造番号2324番であり、車体の両側面には102という訓練番号が描かれていたので、「102号戦車」と呼

▶1919年5月1日、ホエール島にて2324号の寄贈式典の様子。戦車の前にあるプラットホームに立っているのがE.B.マシュー＝ラノー大佐。左側には戦車軍団の儀仗兵が整列している。

▲製造途中のマークⅣ戦車で埋め尽くされているフォスター社の組み立て工場。最奥に見える天井クレーンを使用して、エンジンなどの機関部コンポーネントを、車体のサブフレームの上部から挿入する。しかし、組み立て作業の大半は人力であった。

ばれていた車両であった。

　やや脱線するが、製造という用語に対して、これが部品作成から完成までの一貫した作業を意味するのであれば、この戦車はフォスター社で最終的に組み立てられた車両というほうが正確である。例えば、主要機関部——エンジンやクラッチ、ギアボックス、ディファレンシャル、ラジエーターなど——はコベントリーのダイムラー社製であり、スポンソンは同じリンカーンのクレイトン＆シャトルワース社製、兵装については、砲兵工廠など、陸軍の関連工場から運び込まれたものである。

　ただし車体の主要装甲の製造元が、フォスター社においてははっきりしない。可能性が高いのは、バーミンガムのメトロポリタンの関連工場などである程度まで組み上げられた部材を運んできて、フォスターで組み立てるという流れであるが、これはあくまで推測の域を出ないし、始まりという訳でもない。1967年にイングリッシュ・スティー

▶ウェリントン・ファウンドリー社の前でオス型のマークⅣ戦車といっしょに記念撮影するフォスター社の女性従業員。

ル社によって提供された資料によれば、第一次世界大戦におけるイギリス戦車の装甲鈑はニッケル＝クローム鋼であり、アイゾット衝撃試験における数値は、第二次世界大戦時のイギリス装甲車の材質性能と遜色ないことが判明している。アイゾット衝撃試験は、素材の衝撃に対する強さ、すなわち靭性を評価する一般的な方法である。

このような強靭な装甲の欠点は、硬化処理をしてしまうと切断や切削ができなくなってしまうので、最初にすべて成形する必要があることだ。装甲は摂氏約200度に熱してから冷却水の中で圧力をかけるという工程で作られる。この硬化処理により理論上は装甲鈑はひび割れや破損とは無縁の強さを得る。このような作業の大半はグラスゴーのウィリアム・ビアドモア社が引き受けていたが、戦車生産が始まると、イギリス全土の関連企業が動員されるようになった。

このようにして、車体を構成する部材——履帯フレームや前面および背面のパネル、床板、天板——などが運び込まれた組み立て工場では、装甲のリベット留めと並行して、内部コンポーネントのシャフトなどが装甲の所定の穴に通されて車体が完成した。こうして車体の基本構造が組み上がると、次にフォスター社などで最終組み立て工程に移り、稼働戦車が完成するのである。一方、装甲鈑がリベット留めされるフレーム材は、特に硬化処理はされていないものなので、別の業者から供給されていた可能性がある。

すべての装甲鋼鈑がリベット留めされるわけではなく、内部の修理や部材交換が発生するような部位の装甲はボルト止めになっていた。さらに履板やリンク、スプロケット、駆動チェーン、機関銃マウントなど、関連の専門業者は多岐にわたるが、これらは最終組立工場が責任を持って集積して組み立てたものだろう。軍需省の公式の歴史書では、こうした戦車の最終組み立て業者を「建設業者」に近い表現で説明しているが、現実に即した用語選択である。

1940年後半、ドイツが侵攻してくる脅威が高まっていた頃、軍の輸送全般を司る陸軍供給軍団のアレク・メンヒニック少尉は、かつて大型トレーラー搭載用の4インチ砲の責任者として勤務していたホエール島に再着任した。この時点で、彼は待機を命じられていただけであったが、メンヒニック少尉は1919年以来この島に置かれていた古い菱形戦車を、地方防衛の手段として活用しようと決意した。一部の部品は腐食していたので複製品を作製し、別の部品についてはポーツマス市長の許可を得て、同じく1919年からサウスシー・コモン郊外の地元自治体に割り当てられていた展示戦車から部品を集めた。この部品取りに使われたポーツマス市の菱形戦車は、間もなく解体されてスクラップとなった。

メンヒニック少尉はこの骨董品戦車を走行可能にしただけでなく、標準の上部ハッチをドラム型のキューポラに換装して、ルイス機関銃用マウントを追加し、車体後部に英国軍艦旗を掲げると、自ら指揮を執りながら、最初の試運転と称してポートシー島の"Air Baloon"というパブに乗り付けたのである。そし、このパブで戦車を休ませつつ乗員の気分転換を終えると、堤防道を使ってホエール島に帰還したのであった。一説によると、この帰路で彼らは駐車中の商業旅行者の車を破壊してしまったらしい。その結果、少尉は再生戦車による「遠乗り」を禁じられたのであるが、それにも関わらず、ホエール島から頻繁に持ち出されたエクセレント戦車が、ポーツマス市内のドイル・アヴェニューとキプリング・ロードの間にあるノーザン・パレード・スクールの校庭で目撃されたという逸話がある。この学校は、戦時中はHMSエクセレントの附属施設となっていて、海軍兵士の宿舎として割り当てられていた。

神話の由来のようなエピソードばかりだが、ひとつ、確実に言えることは、このマークⅣ戦車が第二次世界大戦において唯一、稼働して何らかの働きをした菱形戦車であることだ。メンヒニック少尉は敵航空機との交戦機会はなかったが、追加したルイス機関銃によって照明弾のパラシュートに穴を開け

▼第二次世界大戦中に、最初に走行可能状態に戻されたエクセレント戦車は、兵装が撤去されたままであった。写真はポーツマスから再び堤防道を通過してホエール島に戻ってきた場面。

▶アレク・メンヒニック少尉によって修復された2324号車。修復のみならず、ルイス機関銃用のマウントや、海軍旗、カモフラージュ塗装が施されている。

▲ホエール島の装飾門を出て海岸に向かうエクセレント戦車。メンヒニックは戦車の後部付近、海軍士官の左手にいる。

▶戦車の修復に携わった海軍の有志一同。履帯が外されているので、スキッド・レールやローラーが確認できる。

▶ひどく破損したエクセレント車内前部の様子。砲弾架とエンジンの基部が目立つ。

たと主張している。ただ、仮にポーツマス一帯にドイツ運河上陸したとしても、このマークⅣ戦車は最小限の脅威にさえならなかっただろう。

戦争終結に向かうにつれて、エクセレント戦車は次第に見向きされなくなり、ホエール島の辺鄙な交差点のフェンスに並び置かれて、草むすばかりの姿となっていた。6ポンド砲は撤去されて、開口部は鉄板で塞がれた姿となったが、ルイス機関銃のマウントとキューポラは手つかずであった。

1969年になると、再度、この戦車を往時の姿で復元しようという運動が始まったが、最初の作業は途切れ途切れで継続的ではなかったようだ。しかし1970年にはD.A.ワード海軍中尉のもと、HMSエクセレントの有志が修復作業に関与するようになった。戦車の内装品は、いったん分解して運び出され、清掃と再塗装が施されたが、ラジエーターとその周辺機材は錆びきって使い物にならず、交換が必要となった。1975年までに、車体はウェルワーシー有限会社のライミントン・エンジニア工場に搬入されて、そこからボーヴィントンにあるイギリス軍電気機械技術部の第18コマンド作業場に移される。ボーヴィントンでは、1975年5月29日に戦車博物館で執り行われる授与式展に向けて、最終調整と、乗員への操縦訓練が施された。キャブの正面のルイス機関銃以外は、オチキス製機関銃に変更されたので、ボールマウントの形状がオリジナルと異なる細部の差異はあるものの、それ以外は可能な限り忠実に復元された。

1984年夏には、フレデリック・フォーサイス

▼車内後部の様子。後部ドアや砲弾架、エンジン基部の延伸部分が確認できる。大きな楕円の穴は、外側からルーバー状のパネルで覆われていて、小さな2つの穴はラジエーター用の吸排出ホースが通されていた。

▲ボーヴィントンにあるイギリス軍電気機械技術部、第18コマンド作業場内での様子。ディファレンシャルとギアボックスの設置作業中。

▲1975年、第18コマンド作業場で修復作業が終わったエクセレント戦車。残すは授与式典のみとなった。

▲1975年5月29日、エクセレント戦車は戦車博物館に引き渡された。協力者には元海軍および軍関係者も含んでいて、当時の戦車兵の軍服に身を包んでいる者や、看護婦姿の女性も2人いる。そして修復作業時の戦車博物館学芸員——ピーター・H.ハーデン（大英帝国四等勲位、殊勲賞）——がもっとも左にいる。

▶大勢の観衆を従えて、排気煙を吹き上げながら骨董品戦車が前進する。

のナレーションによるBBC英国放送協会作製のTVシリーズ"Soldiers"収録に参加するために、この戦車は再び稼働状態になり、車載機関銃は空砲発射型に交換、主砲は特殊効果によってあたかも実際に砲撃しているような演出が可能な状態と

▲1984年、BBCの戦争ドキュメンタリー"Soldiers"の撮影風景。撮影班と戦車操縦班が一緒になって打ち合わせをしている。

▶撮影を終えた「エクセレント」が——いまだ激しく排煙を吹き出した姿で——博物館の施設に戻る場面。

なった。そして乗員のうち2名は博物館のスタッフが演じ、残りは第1戦車連隊から10名を超える若い戦車兵が送り込まれたのであった。

F4号車「Flirt II」

　リンカーンの町で保管されている「FlirtII」が、はたしてカンブレーでの実戦投入の記録が残る同名の戦車と同じものであるかどうか、実は確証がない。それでも、戦車の歴史における多角的な視点を提供してくれるという意味では、この戦車の詳細には触れておくべき価値がある。

　頭文字から「FlirtII」はF大隊（第6大隊）所属車両であり、F4という戦術番号から第1中隊第1小隊の4番目の車両であると推測できる。大隊はボーヴィントンで訓練を受けた兵員からなり、1917年5月12日にフランク・サマーズ中佐（DSO、DSC受賞）の指揮のもと、フランスに派遣された。部隊は戦車操縦学校が設けられていたアラス近郊のワイイにて装備となる戦車を受領すると、1917年7月31日、歴史的には第三次イープル戦と呼ばれる戦いでデビューを飾った。

　以下の短い記述は、第6戦車大隊の戦史記録に残されたF4号の当時の活動に関するものである。ただし記録では「Flirt」とされている。これは誤記であった可能性があるものの、この記録に残る

▶書籍カバーのデザイナーに好まれる刺激的な構図。1917年、ワイイにて小山の稜線を乗り越えんとする「FlirtII」をとらえた一枚だ。

▲ワイイにおいて乗員の操縦訓練に使われている「Flirt II」。ルイス機関銃を搭載し、履帯には若干数のスパッドが取り付けられているのと、特徴的な泥地脱出用角材とレールの様子もはっきり分かる。

F4号がオス型かメス型のいずれであったのか不明なのである。また乗員の名前も一切分からない。

F4号車「Flirt」

この戦車はグリーンラインまで前進したが、到着が遅れ、歩兵が占領をすでに終えていただけでなく、支援も必要ない状況であった。ところが帰還する際に、ポリゼーの森付近で泥濘にはまり込んでしまった。泥地脱出用角材は戦闘で破損していたため、戦車は自力で脱出できなかった。

現在の「Flirt II」ということになっている戦車には2179番という番号が与えられているが、これは何年も以前に戦車博物館で「T179」という番号が付けられた事実に由来しての、まったく架空の番号である。というのも、最近の研究から推測する限り、4桁の番号の最初の2桁が21ないし22で始まる戦車は存在しないことが判明しているからだ。この車両はメス型のスポンソンを装着しているので、フォスター社製である可能性は低いが、これまで少なくとも2回の大がかりな改修を受けていることが推測される。この戦車の素性調査には、この点を留意する必要がある。例えば、リンカーン戦車友愛会の会長を務めるリチャード・プランは、スポンソンの扉のヒンジにOLDBURYという刻印を発見し、この並びの扉にM162という刻印を発見した。つまり、この扉はオリジナルの部材ではない可能性が高いだけでなく、マーキングの意味自体が不明なのである。

判明している事実は、戦術番号がF4号で、「Flirt II」と名付けられたメス型戦車は、F大隊（第6大隊）第16中隊所属の戦車4両のうちの1両として、1917年11月20日にカンブレーで戦っていたことだけである。

11月19日、第16中隊と第18中隊の菱形戦車は、グゾークールの村の南、ウディクールに設けられた鉄道駅で下車すると、翌朝の作戦準備に入った。この地域には、戦車だけでなく歩兵部隊もま

▼「Flirt II」と映る、イングリス少佐と彼の友達。少佐はトネリコの若木を手にしているが、これは戦車軍団の士官が、戦車を先導する際に地面の状態を確かめるために広く使われた道具であった。

た戦闘準備のために集められてごった返していたので、戦車部隊は翌日の作戦開始地点に集結するまでに、かなり手間取っていた。

2個中隊は、第16中隊が右側を占位しつつ、グゾークール＝ボナヴィ街道の両脇に展開して北東方向に前進した。最初に立ちはだかる障害は、グゾークールから4kmほどにあるブルーラインで、この防御陣地はヒンデンブルク線の一部を構成していた。「Flirt II」は次の目標となる2km先のブラウンラインに到達する前にドイツ軍部隊と遭遇して、これを撃退した。この際にドイツ軍機関銃2挺の攻撃を受けたが、1挺は発見するや無力化に成功した。残る1挺はしばらく射撃を続けていたので、戦車の車体が機銃弾で叩かれて、剥離した金属片が車内に飛び散り、乗員に負傷者が出た。すべきことを終えた「Flirt II」は、車体の向きを変えると、ブルーラインの近くに設定された大隊集結地点に帰還したのであった。

1917年11月20日にカンブレーの戦いにおいてヒンデンブルク線への攻撃に参加したイギリス軍戦車は、障害となる対戦車壕を無力化し、突破を確実なものにするために、いずれも操縦室の上にファシーンを搭載していた。これは第6章ですでに解説したとおりである。ファシーンを使用するには、一目でそれと分かる外装が必要となるのだが、現在、リンカーンで展示されている「Flirt II」にはそのような外装具は見当たらない。もちろん、あとから撤去された可能性もあるものの、この戦車の正体を疑わせる大きな根拠となっている。

「Flirt II」は、11月21日の水曜日にも作戦に参加した。作戦開始地点はサン＝カンタン運河の西側にあった、マルコアンという名の小さな街である。作戦参加する戦車——A大隊の7両とF大隊の10両——はすべて、まず最初に鉄道橋で運河を渡らねばならなかった。この鉄道橋は担当戦区において戦車が通過できる唯一の運河橋であり、レッドラインへの攻撃には不可欠な作戦目標であった。橋を奪取するには、リュミリーという村落と、フロー牧場と呼ばれていた一帯が形成する尾根筋の基部で、運河沿いに大きくカーブするルートを通過しなければならず、非常に遠い作戦目標であった。

「Flirt II」は機械的なトラブルを抱えていたので、作戦開始値点に到着したのは、予定より2時間遅れの1330時になってからであった。歩兵と連係しての前進は、西の高台方面から撃ち込まれるドイツ軍機関銃によって阻止された。この時、ドイツ軍は機関銃弾を徹甲弾に変更して、狙いを戦車に切り替えていたので、危険度は一層高まっていた。フロー農場までたどり着いた「Flirt II」は泥濘にはまり込んで動けなくなっている友軍戦車を発見した。すでに別の1両が支援しようとしていたが、これも機関銃弾に狙われていて、救援作業のために乗員が車外に出ることができなかった。「Flirt II」は泥にはまった戦車の前方に停車して機関銃弾からの防御壁となり、ようやく脱出作業が可能になった。その間、同じ部隊のオス型戦車は6ポンド砲で鉄道線の土手に設けられたドイツ軍機関銃座を攻撃し、さらに射線を延ばしてドイツ軍陣地を射圧した。

その日の午後遅く、夕闇が迫る頃に、「Flirt II」と他の稼働戦車はマルコアンの部隊集結点に帰投した。いずれも乗員は疲弊し尽くしていたが、カンブレーの戦いが11月23日まで続くなかで、「Flirt II」にはこれ以上の作戦参加はなく、F大隊の残存車両とともに戦場を後にして、「タンクドローム」と呼ばれたリベクールの戦車集積場に向かった。集積場では、2度ほど大隊から戦闘準備を促されたが、結局、前線に投入されることはなかった。しかしこれが「Flirt II」には3度目の不運となった。

ヘイグ元帥は自身の的確な判断に反するのを承知で、ブルロンの森の北西角に位置するブルロンの村落に対する攻撃の試みを承認した。攻撃は11月27日の夜明け前に開始とされ、戦車の整備と作戦開始地点への集結が前日に行われた。攻撃はブレイスウェイト少将麾下の第62師団が主導し、これをF大隊の17両と、C大隊の3両、合計20両が支援した。一方、同週末にはこの村を占領していたドイツ軍が入念に防備を固めていたが、とりわけ戦車に対しては万全の備えで待ち構えていたのであった。

イギリス軍は戦車を異なる六方向から攻撃させる計画を立てていたが、ドイツ軍はいずれの方向にもバリケードを築いており、停止を強いられた戦車には機関銃をはじめ、あらゆる対戦車兵器が向けられるようになっていた。このような防御砲火をかいくぐりながら前進した「Flirt II」は、村への侵入には成功したが、地面に倒れた負傷兵を避けるために、たびたび停止や方向転換を強いられた。村の貯水池に近づくと「Flirt II」はF13号車「Falcon II」が泥地にはまったうえに、角材が壊れて身動きできなくなっている現場に遭遇した。「Flirt II」はF13号の救出を試みたが、かえって同車のセカンダリ・ギアの歯がすべて脱落して、稼働不能となってしまった。そして離脱しようともがいているF13号を守るような位置で「Flirt II」は停車した。0830時頃には、F1号車「Firespite II」が現場に到着し、F13号の進路を作るために「Flirt II」の牽引を試みたが、どちらの戦車も動かなかった。

1時間もすると、機関銃の援護射撃を得たドイツ軍が「Flirt Ⅱ」に近づき始めた。こうなると誰も車外に出ての作業が不可能になったので、乗員は機関銃だけ持って戦車を遺棄、友軍陣地まで脱出する決意を固めた。

戦闘はこうしてドイツ軍優勢のまま推移したが、ドイツ軍は勝敗が決するより先に戦場に調査班を派遣して、支配地域に残された敵戦車の検分を開始した。写真撮影を行いつつ、修理などで再使用可能な戦車の見積もりをとるためである。「Flirt Ⅱ」は左舷側に4発の命中弾を受けただけでなく、しっかりと泥濘にはまり込んでいたが、状態は良さそうに見えたので、再生候補となった。写真によれば、「Flirt Ⅱ」は車体にチョークで「撤去禁止。牽引にて処分。陸軍総司令部」と書かれていたにも関わらず、修理対象に選ばれたのであった。F13号車は泥濘から引きずり出せさえすれば、自走可能なので、そのまま後方に退けられたが、それが無理な戦車については大型トラクターなどで鉄道線まで牽引されて、そこからジャッキアップして貨車に載せられて、ベルギーに運ばれたのであった。

ドイツ軍における「Flirt Ⅱ」の運命は、すでに第6章の〈鹵獲戦車〉の項目で解説したことと大差はない。しかしはっきりしているのは、ドイツ軍によって修復された痕跡はなく、終戦まで、その存在をうかがわせる記録も無いということだ。ただ、第二次世界大戦中のボーヴィントン操縦訓練場の片隅に、なにか奇妙なマークⅣ戦車（メス型）があり、1949年に「Flirt Ⅱ」という名前が与えられるとともに戦車博物館の所有物となって、ジョージ5世街道に面する建物の正面に設けられた台座に置かれるようになっていたのである。戦車博物館の学芸員が作製した注釈には「マークⅣ戦車、メス型、F4号識別番号T.149。車体のみ、エンジンなし、内部容積7×21フィート」とあり、所属については「王立戦車連隊」と記されているのみである。

機関部などの部品の多くは、モンソー＝シュル＝サンブルでドイツ軍工兵の手により撤去され、車体の装備品は状況的にかなり破壊されていたと推測できる。しかしなぜこのような破損車両がイギリスに帰国することになったのだろうか？　この車両は際だった戦功を上げたわけではなく、またH1号車「Hilda」のような、カンブレーの戦いを象徴する存在でもない。そもそも車長の名前さえ不明であ

▼ブルロンの村落で残骸となって遺棄された状態の「Flirt Ⅱ」は、トランプを使用した戦術標識が変更されているようだ。写真はクラブの4に見えるが、もっと早い時期の写真にはハートの4が描かれているものがある。

▲この戦車は最終的に戦車博物館にて「Flirt Ⅱ」と名乗ることになった。写真のクロムウェル巡航戦車の背後に見えるが、撮影場所はボーヴィントンの操縦訓練場の片隅である。おそらく第二次世界大戦中に撮影された写真であろう。

◀上の写真と同じ戦車。「Flirt Ⅱ」としての装飾がされてはいるが、いずれもフィクションである。この戦車は内装品を撤去した上で、長い間、戦車博物館の野外に置かれていて、写真で分かるように外板の一部が破損したままであった。

る。もし同一の戦車であれば、ブルロンで損傷を受けた部品がどこかの段階で新品に交換されて、外見が大幅に直された結果であるのかも知れない。

当時、ボーヴィントンには余剰のマークⅣ戦車が多くあったことを考えると、名前も不詳、修理も必要で、車内装備品も失われたこの戦車を残すという決断は、かなり奇妙に見える。1919年から1939年にかけては、この戦車は近くの町で見世物に使われていて、それからボーヴィントンに持ち込まれたと考えれば、保存された理由にはなるが、これはあくまで推論に過ぎない。戦車博物館で35年もの長きにわたり過ごした車両であったが、その間に車体はひび割れてしまい、履板の一部は他の菱

◀戦車博物館の野外に展示されている「Flirt Ⅱ」の斜め後ろからの写真からは、識別用に側面に取り付けられた木製のパネルが確認できる。クロムウェル巡航戦車と一緒の写真と比較すると面白い。

◀リンカーンのラストン・ガスタービン社にて大がかりな改修作業に従事する社員とボランティア。この「Flirt II」は、最終的にリンカーンシャー生活史博物館に展示されることとなった。写真ではまだ木製のパネルが確認できる。

形戦車の部品として流用されていた。1982年から1984年の間に、錆止め剤のフェルタンを使って特別な防錆処理が施され、再塗装もされたが、本格的な修理が必要なのは明らかであった。

1984年、戦車博物館とリンカーン市議会の交渉により、この「Flirt II」、あるいは「FlirtII」と称する戦車について、一度台座から撤去し、リンカーンまで陸送した後に、ラストン・ガスタービン社のスタッフとボランティアにより、全面的に改修することが決まった。壊れた外板は交換され、内装品の大半は調達は不可能なものばかりであったが、手が届く範囲は再整備された。化粧直しを終えた戦車は、しばらくの間、スキャンプトンの空軍基地に置かれて、将来の扱いの決定を待つことになったが、間もなくリンカーンシャー生活史博物館の設立に合わせて、その展示車両となり、現在に至るのである。

D51号車「Deborah」製造番号2620

1917年11月20日、フレスキエールの村落の近くで撃破された「Deborah」は、かろうじてそれと識別できる状態であった。この戦車は、1998年、この戦車を率いていた車長の孫であるウィリアム・ハープ氏が、祖父のミリタリー・クロスの感状のコピーと引き換えに寄贈した破損戦車の写真の一致によって、正体が明らかになったものである。この写真は、T.L.ヴェンガー中佐が編纂した古い戦場アルバムの中で、「Deborah」という戦車の残骸が埋葬されていく一連の作業の写真で確認できる車両と、損傷部位が一致していたのであった。

ハープ氏の感状の引用は次のとおり：

ハープ、フランク・グスタフ少尉、D大隊、ミリタリー・クロス授与

1917年11月20日、カンブレー作戦にて、フレスキエール近郊で、彼は偉大な勇気と技量をもって戦車を指揮し、歩兵との協同作戦を遂行しつつ、5つの目標に向かっていった。彼は村落を通過し、敵野砲陣地と遭遇した結果、5発の直撃弾を受け、乗員4名が犠牲となった。敵勢力圏下での損害であったにもかかわらず、彼は生存者を率いて、激しい機関銃と敵狙撃兵の攻撃のなかを、無事に友軍陣地まで帰還したのであった。

「Deborah」の4桁の車体製造番号から、この車両はバーミンガムのメトロポリタン鉄道車両会社製であったことがわかる。組み立ては同社傘下のウォーチェスターシャーのオールドバリー工場で、1916年のマークI戦車の量産にあたり、最初に選定された古株の組み立て工場であった。「Deborah」はメトロポリタン社から発注されたマークIV戦車の第2期生産分、401両に該当する車両であり、これらはすべてメス型であった。

▶2編成の戦車輸送列車がプラトゥー付近に並んでいる。すでにファシーンを積み込んで、最終目標地点に輸送されるばかりであった。

▼アヴランクールを襲撃開始地点からのぞき込んだ様子。戦闘の前日、D、E、G大隊の戦車はこの付近で敵偵察機から身を隠しつつ、攻撃開始地点への移動のタイミングを伺っていた。

　1917年夏にこの戦車はフランスに送られて、戦車軍団のD大隊所属となった。大隊長はカンブレーの戦いはもちろん、年末まで指揮を執ることになるW.F.R.キンドン中佐であった。戦車は第12中隊の配備となり、D51号車「Deborah」と名付けられた。戦車長はジョージ・ラナルド・マクドナルド中尉であった。1917年8月22日、「Deborah」は他の戦車と協同作戦に赴いた。作戦目標はシューラー農場の名で呼ばれたドイツ軍強化陣地であった。2両の戦車はポエルカペルにほど近い農場に待機して作戦開始を待っていたが、そこにドイツ軍からの弾幕射撃が降り注いだ。1発がD51号車の履帯に命中してマクドナルド中尉が重傷を負ったばかりか、2両とも車長が行動不能となってしまったのである。さらに、周囲に展開していた別の3両の戦車も大破してしまい、作戦はG大隊の戦車に引き継がれることとなった。

　「Deborah」は修理可能であったが、マクドナルド中尉の回復には時間がかかるため、カンブレーの戦いに備えることになり――この間、D大隊の所属車両はアラス近郊のワイイで対戦車壕の超壕訓練を受けた。そしてその間に新車長のフランク・グスタフ・ハープ少尉が着任した。

　11月14日に「Deborah」はプラトゥーの鉄道末端駅に到着し、ファシーンを装着した。大隊の戦力は戦車35両で、これが3個中隊に分割、中隊は4個小隊で構成されていた。1個小隊あたりの戦力は戦車3〜4両であった。「Deborah」は第12小隊所属となり、僚車にはD49号車「Dollar Princess」、D50号車「Dandy Dinmont」で、D50号車は小隊で唯一のオス型であった。小隊長のグラム・ニクソン大尉は、1916年9月15日のフレールの戦いでD12号車を指揮していたという、黎明期からの戦車指揮官であり、以後、機関銃軍団重装備部隊のD中隊に起源がある第4大隊に所属していた。

　プラトゥーを11月18日に発したD大隊は、戦場の西端付近に新たに設けられたイトルの鉄道末端駅に到着した。ランプウェイを使って次々と貨

▲アヴランクールからフレスキエールに至る土地に恐れるほどの特徴はないが、前進中の戦車がドイツ軍の野砲部隊から身を隠せる程度の起伏はあった。

車から降ろされた35両の戦車は、アヴランクールの森の南東付近に設けられた秘密集結地点を目指した。この移動のほとんどは、敵偵察機を避けるために夜間に行われた。戦車としてはこれ以上の低速は不可能という速度で、およそ一列の隊列を維持しつつ、目印に貼られたテープを頼りに南に向かいながらヌーヴィル=ブルジョンヴァルを迂回して、メス=アン=クチュールの北辺を抜け、暗い影を戦場に投げかけているアヴランクールの森を左に見る位置まで進んだのである。

メス=アン=クチュールから戦車部隊は北東に進路を変えると、森の縁にしがみつくようにして、戦車部隊に割り当てられた戦区への侵攻用の道を作った。大隊の戦時日誌によれば、偵察機による発見を恐れて、戦車には厳重なカモフラージュがなされ、戦車が森に侵入する際に残る轍などの痕跡を消すのに入念な努力が払われたことが分かる。いくら戦車を偽装ネットなどで隠蔽しても、森の中に入った戦車の轍が残ってしまえば、容易に上空から発見されてしまうからだ。

11月20日の夜明けまでに、戦車部隊は出撃準備を終えており、進撃誘導用テープに沿って、ゆっくりと各車両は前進した。D大隊の場合は、トレスコーという小さな街に司令部を置き、部隊も町の東側に布陣して攻撃開始命令を待ちわびていた。他の戦車大隊から抽出された2個中隊が先陣を切り、3分の1ほどの戦力となる部隊が、30分遅れで進発して攻撃第二波となり、攻撃第一波の戦果を拡張するという計画であった。これが順調であれば、生き残った戦車は再集結して、次の目標——北に向かって伸びる尾根筋の村落、フレスキエールに向かうのである。

戦車大隊はそれぞれ第51師団麾下の歩兵旅団を先導しており、D大隊の場合はブラックウォッチ大隊、ゴードン・ハイランダー大隊からなる第153旅団と協同していた。理由は説明が付かな

▼作戦の1カ月前に空撮されたフレスキエールの偵察写真。D51号戦車は村落から東に延びる道路を使って前進した。

いが、第51師団長のジョージ・ハーパー少将は戦車との協同作戦に彼自身の工夫を加えようとした。少将は部下の兵士たちが戦車の背後に蝟集するような布陣を好まず、歩兵を引き下げて配置を換えた。結果として歩兵部隊は戦車との接触を失い、戦車が鉄条網帯に開鑿した進撃路を見失ってしまったのである。

しかし、すでに作戦は始まっている。0620時に信号弾が発射されると、6両の戦車による鉄条網の突破に続いて、第10、第11中隊が移動を開始した。D大隊は左にE大隊、右にE大隊と、2つの大隊に挟まれた、かなり窮屈な布陣であったが、渓谷の基部からヒンデンブルク線の最初の塹壕に到達すると、過密状態は自然に解決した。この場所では塹壕の幅も深さも他のものより著しく大きく、ファシーンを使って超壕に成功したのはたった1両だけであったからだ。他の4両は超壕に失敗し、他の7両は機械的なトラブルに見舞われ、さらに3両は補給品の欠乏から引き返さざるを得なかったのである。

「Deborah」が所属する第12中隊の戦車は、0650時に作戦に入る予定であったが、最初から大混乱に陥っていた。というのも、作戦開始の5分前に中隊長が流れ弾に当たって戦死するという事件が起こっていたからだ。中隊の指揮はW.スミス大尉に引き継がれ、戦車部隊はようやく作戦を開始した。所属車両のうち2両は道沿いに移動するさなか、たびたび泥濘にはまったが、なんとか攻撃部隊の第1波に追いつき、歩兵を先導してフレスキエールに向けて緩やかな斜面を登り始めた。そこに待ち構えていたのが、中隊にとっては最初の障害となる、鉄道線の盛土であった。D大隊はここに作戦終了後に残存戦車が帰還するための再集結地を設定した。

この日のフレスキエールでの出来事については、伝説や誇張といった類いが邪魔をして真相が掴みにくいが、ハーパー将軍は攻撃計画の欠点について多くの非難を受けていた。曰く、兵士たちはドイツ軍からの砲火を避けるために、戦車を遮蔽に使おうと近づく傾向にあるが、戦車部隊はこのことが戦車を弾よけにするばかりで慎重に扱われなかったことの証拠であると主張したのであった。ヘイグ元帥は「フレスキエールにて友軍戦車が受けた命中弾の大半は、1人のドイツ軍の野戦指揮官がもたらしたものであった。彼は最前線に単独で留まり、片手になっても戦死するまで砲の操作を

▼「Euryalus」と見なされているこの戦車は、フレスキエールの尾根筋で撃破されたE大隊の5両の戦車のうちのひとつであった。車体後方からはっきり確認できるWCと描かれたプレートは、「鉄条網除去戦車」の意味である。11月21日に撮影された写真の様子から、この場所は格好の監視哨として使われていたようだ。

▲「Deborah」は戦闘による損傷で、フレスキエールの路上に遺棄された。この写真によって確認できる損傷の特徴が、後にこの戦車の由来を明らかにする決め手となった。

続けていた。この士官が示した勇気はあらゆる賞賛に値する」と回想している。このドイツ軍士官は、フレスキエールに展開していたドイツ軍第108砲兵連隊のテオドール・クリューガーという人物であったことが後に判明した。戦いの実相は、この時、すでにドイツ軍が少なからぬ野砲部隊に対戦車戦闘訓練を施しており、そのような部隊の一部がこの尾根筋に布陣していたということである。

E大隊の戦車が村の東側を迂回する間に、D大隊は西側を迂回していた。これに連動して第12小隊の3両の戦車は村落の中を通過した。その間、フレスキエールの外縁部にて、ドイツ軍砲兵部隊が攻撃を開始し、短時間で両方の戦車大隊から18両の戦車の動きを止めただけでなく、炎上した戦車も少なくなかった。この時、村はずれにて撃破され、身動きができなくなった戦車の中にD49号車がいた。フランク・ハープ少尉のD51号車「Deborah」は、ルイス機関銃で敵兵を射圧しながら、村の通りを前進して尾根の下に向かった。しかし不運にも村落を通過した直後に再び姿を見せたドイツ軍が、後続する歩兵部隊に射撃を浴びせてきたことで、戦車と歩兵が分離してしまい、戦車は身動きができなくなってしまったのである。この時、「Deborah」号も単独となってしまった。同車の位置は車体がある程度は周辺の建物に遮蔽されていて、あとは村落を抜ければ、第二の攻撃目標であるブラウンラインまで一直線という状況であった。

ところが、街区を抜けて、建物の間から頭を出した直後、「Deborah」はドイツ軍の集中防御砲火に射すくめられた。狙い澄ました5発の砲弾が「Deborah」を直撃し、外見はそれほど壊れなかったが、火災が発生して5名の乗員が戦死するか負傷した。「Deborah」は戦車としての機能を失ったが、物語には続きがある。負傷は免れたが、作戦継続を断念したフランク・ハープ少尉は、まず生存者を確認すると車外への脱出を命じて、友軍陣地まで徒歩で戻ろうと考えた。状況的にフレスキエールは未だドイツ軍の占領下にあり、イギリス軍歩兵が突破しているような状況は望めなかった。この少尉の判断が、彼にミリタリー・クロスをもたらしたのであった。

ドイツ軍はこの日の夜間に撤退したので、翌朝、フレスキエールは前進してきたイギリス軍によって占領され、戦車の残骸と乗員の遺体を回収できた。遺体は取り急ぎ付近の静かな場所に埋葬された。「Deborah」は回収するには遠くに行きすぎていたが、遺体の回収時に使えそうな内装品や武装が取り外されて、壊れた車体だけが残された。最終的にドイツ軍はフレスキエールを再占領したが、その時点で遺棄されていた戦車にはまったく興味を持たなかったのは言うまでもない。

1918年9月にイギリス軍とカナダ軍がフレスキエール周辺を奪還したときには、「Deborah」は前線の隅でさらに悲惨な状態のまま放置されていたが、この間の詳細をうかがわせる記録はない。いずれにしても、戦車は通りの末端にあって周辺

◀地中に78年間も埋められていて往時の姿をよく残していた「Deborah」。D51という車両番号は、車体後部のガソリンタンクに残っていた痕跡から確定された。

▼発見された「Deborah」。戦車が投げ込まれていた穴の上部は、波板の鉄板で覆われていた。車体を後ろ方向から撮影した写真から、後部の履帯フレームが外側にねじれている姿が確認できる。これは「Deborah」が後ろ向きにかなり引きずられて牽引されたことの証拠だとされている。

の建物の影になっていたので、空中写真でもとらえにくい場所に遺棄されたままであったのだ。

　周辺での戦闘が終了すると、戦場の清浄化作業が始まった。簡易的に埋葬された遺体は、判別が付く限り掘り出され、改めてイギリス連邦の戦死者墓地に埋葬された。戦車の扱いは特殊であった。修理不可能と判断された車両は、使用可能な装具だけ取り外されたあとで爆破処分された。しかし「Deborah」は特殊なケースであった。回収対象にはならなかったが、すでにフレスキエールに住民が戻り始めていたので、爆破処分は周辺家屋に損害をもたらす可能性が高く、困難になっていた。この地域の回収作業の責任者であった戦車軍団所属のT・L・ヴェンガー少佐は、近場にドイツ軍が設けていた対戦車壕を使って、「Deborah」の残骸を埋めてしまうことを思いついた。対戦車壕は幅も深さも充分であったので、ヴェンガー少佐はそこまで2両の戦車を使って「Deborah」を牽引していくように命じたのである。「Deborah」の残骸は適当な対戦車壕後まで牽引されてから、その中に引きずり落とされた。この作業によって、車体はさらに破壊された。

　後にカンブレーの住民のフィリップ・ゴルチェンスキー氏と彼の仲間で熱心な戦車研究者のジャン＝リュック・ジボーは、長年にわたって戦場を調査し、様々な情報や伝承の断片を集めていた。実際、カンブレーにあったフィリップのホテルの周辺には、様々な戦争関連の残骸が集まり始めていたが、その中には戦車の残骸も含まれていた。しかし、もっとも望まれていたのは完全な姿の戦車の残骸であった。その様な戦車が存在するという噂はフレスキエールを中心に広がり、最高齢の住人であったブリュー婦人は埋葬された戦車について、断片的に覚えていた。

　戦車が埋められていそうな場所を確定すると、掘削業者が呼ばれ、1998年11月5日、ついに地中からマークⅣ戦車が発見された。戦車の残骸の発掘はさらに続き、同年11月20日──フィリップ氏は意図してこの時を選んでいたのであるが──、カンブレーの戦いから81年目の節目となる記念日に、車体を完全に掘り出したのであった。穴の中には他にも、英独両軍の様々な軍装品の残骸が投げ入れられていた。この時点では、D大隊の車両であること以外は、戦車の所属や詳細については不明であった。

　全くの偶然であったが、このフレスキエールで発見された戦車の残骸に関連する写真が、ボーヴィントン戦車博物館に2枚到着したことで、調査は大きく前進し、回収された戦車との比較を詳細にしたところ、残骸と写真の戦車の損傷箇所が一致することが判明した。1枚の写真の裏には「ハープ氏のバス」と描かれていたことで疑いの余地は消えた。ジャン＝リュックとフィリップが発見し

た戦車はD51号車「Deborah」であった。

後に戦車は埋設場所から引き上げられて、フレスキエールの建物に運ばれ、往時の戦闘の記録を伝える記念碑となっている。

稼働戦車とレプリカ戦車、および責任について — デヴィッド・ウィリー

第一次世界大戦開戦の100周年が近づいてくると、当時の兵器が稼働する姿を見たい——とりわけ当時を代表する戦争機械である菱形戦車の再稼働への期待が高まった。しかし現存するマークⅣ戦車は7両しかなく、他の型式の戦車もまた合計して1ダースほどでしかない状況なので、戦車博物館としては、保有する実車のマークⅣ戦車およびマークⅤ戦車（稼働状態は保っているものの）の稼働はしないことを決めていた。最後にマークⅣ戦車が動いたのは1980年代であり、マークⅤ戦車も2000年代にごく短距離を走行したに過ぎない状況であった。

博物館の伝統遺産部門では、歴史的な機械の再稼働に関する議論が続いていたが、議題は機械を稼働した際に発生するリスクや、時代性の喪失に関する問題に集中していた。稼働すれば部品は必ず劣化、疲労を起こし、破損すれば交換が必要となる。このことは、実際に機械が作動しているのを目の当たりにして、観衆がその存在感や機能、騒音、機動性などを実体験できるという価値に見合うものであるのか、比較評価を要する。

博物館によって果たすべき機能は異なり、当然、導き出される結論も変わってくる。その博物館が保存している機械の種類の違いも考慮した議論が必要となる。例えば歴史的な航空機の再現飛行を考えた場合、飛行機そのものの危険性だけでなく、これを操縦するパイロットや整備員にも注意を払わねばならない。人命を危険にさらすのを前提とした再稼働にはいかなる価値もない。

もちろん、賛否のどちらにも傾聴すべき正論があり、極論に見える主張も、多くの問題を突いている。例えば戦車のような兵器の稼働には、その装備である武器の使用まで含めるべきかどうか。兵器としての主用途である以上、議論の価値はあるだろう。また車両の再稼働そのものを問題にするとしても、そもそも静止状態で長く展示された車両を再稼働させるには、様々な機械的な制約が発生することを忘れていないだろうか。例えば、車両が動くときは、当然、サスペンションに負荷

がかかり、ベアリングが噛み合うことになる。油圧や潤滑、冷却、燃料系は定期的なメンテナンスがなければ劣化、腐食は避けられないものなのだ。

この問題について、戦車博物館では実利的かつ選択的な判断で臨んでいる。すなわち稼働の判断は各車両ごとにするというものである。ある車両に対して適切な対応であると判断されたことも、他の車両については現実性を欠いたり、倫理的に問題があったり、賢明とは言いがたいと判断され

▲壊れそうな場所を木材で補強している。「Deborah」の掘り出し作業が始まった。

▼マークⅤ戦車の破損した履板。金属の構造や男性は時間経過によって変化するので、戦車のような20世紀の金属加工技術の保存や再現には常に研究が必要である。

153

退役車両と現存車両

▲マークV戦車に確認できる、履帯フレームのひび割れ。

▼ロングクロス・スタジオで成形中のマークIV戦車のスケルトン構造のレプリカ品。

ることがあり得るのだ。その際には、以下の項目が基準となる。

■ 個々の車両に関する既知の歴史性
■ 特定の参考車両についてなぜ重要と判断されるのかという要素
■ その車両が参加していた歴史的事件や作戦行動
■ その車両の製造時に由来するオリジナルな部分を残し（新型エンジンや履帯、塗装スキームなど、該当車両の現役期間のみならず、保存期間においても、車両の歴史に一定の影響を与えた数多くの機械的な装置を備えていることで）、結果として保存の重要性が認められるもの
■ 車両の完成度や、保護用、支援用の部材の供給状況

以上の考慮に加えて、提案された行動に際して不可欠な資材や、要求事項への充足状況が議論の際には判断材料となる。そして稼働することによる明確な目標や資金、技術、素材の供給状況などが達成されないと判断されれば、決して車両が動かされることはないのだ。

戦車博物館のマークV戦車は、装甲に多数のひび割れが目立っており、同時にスパッドの取り付け不良が原因で履板が一部割れている。新しい部品を作って交換する機会はいつでもあるが、その作業自体が、車体の他の場所に負荷を強いる恐れが常に生じる。結果として、そのような部品交換を繰り返しているうちに、すべての部品が新品に交換される日が来たとき、それは果たして元の戦車と呼ぶことができるだろうか。

もちろん、マークIV戦車の立場や他の博物館における車両の取り扱い方針が将来変更される可能性は常にある。復元や保存作業時に車体の損傷の可能性を大幅に減らせる技術革新に期待を寄せることもできる。技術遺産が重視され、静態保存に価値があるという観点も時間経過とともに変化しうるし、一般の人々が「動きもしない」収集物に対して公的資金を継続的に消費する意義を理解しなくなるかも知れない。20世紀から21世紀にかけて積み上げられてきた技術や工業製品は無数にあり、博物館としても保存対象の選別を強いられる時期が来るだろう。その際の選別の基準は、稼働の可否、つまり見るだけならもう充分であるという視点が判断材料となるかも知れない。

第一次大戦さながらに菱形戦車が動く姿を映像作品に残したり、リエンナクト行事やコマーシャルで使用したいという要望に対応するための手段としては、レプリカ車両の製造事業もある。"To the Green Fields"や、第一次世界大戦の大英帝国をモデルとしたファンタジー作品の"League of Extraordinary Gentlemen"

◀レプリカ車両は、実車では危険が大きな撮影や展示の替わりとして有効な方法であり、実働の様子を見たいという観客の要求にもかなう。

などの道具として、不完全なレプリカ車が製造されている。映画監督のピーター・ジャクソンや、スティーブン・スピルバーグらは、第一次世界大戦で使用された戦車のフルサイズのレプリカを製造している。スピルバーグの監督作品"War Horse"では、英雄的な馬であるジョーイが、戦場の混沌の中で戦車に遭遇する。スクリーンで目にするだけの存在であるが、戦車は当時の現代戦を代表する存在で、戦場における軍馬を場違いなものとして表現する効果的な対比を為していた。

奇妙な一致であるが、チャーツィーの古い戦車試験場に残ったハンガーを拠点にした企業によって作られたレプリカ戦車も存在する。ここでは2000年代初頭まで戦車をはじめ、軍用車両の開発と試験が行われていて、映像メーカーが移転してくると「ロングクロス・スタジオ」という名に看板を掛け替えた。視覚効果の専門家であるニール・コーボールドが多数の軍用車両マニアを雇用しており、第一世界大戦当時のレプリカ戦車を作るように依頼された時、それは様々な情熱が注がれた仕事となった。彼らが戦車博物館を訪問した際には、戦車の製作のために必要な基本的な測定値を提供したが、彼らはヒュンダイ製の中古掘削機からエンジンとギアを流用した。鋼鉄製の箱形構造は、強度を優先して溶接とし、軟鉄製のパネルやパン焼き窯用の鉄板を流用して、スプロケットのハウジングを成形することで、見た目も往時の戦車に近づける工夫がされた。戦車のウェザリングにはフェイクの泥剤を使い、さらに敷地を走らせることで現実の汚れを追加した。稼働時には車両は自らの履帯で動き、速度の遅さやふらつきながら前進する様子が、当時の雰囲気を作り出して、戦車の重量感や存在感が周囲を支配した。

第一次世界大戦の百周年事業が近づいてくると、戦車博物館でも走行可能なレプリカ戦車の製造計画が動き出した。映画撮影を終えたレプリカ戦車の売却提案が2010年にあり、これを首尾良く調達することができた。レプリカ戦車は戦車博物館でのイベント展示と、ドキュメンタリー映像の撮影にも使用されたのであった。

2年後には、別の第一次世界大戦の戦車──ウィーガン在住のイギリス軍用車両復元で知られるボブ・グランディーが作製したドイツ軍のA7V戦車──と一緒に、イベントに引っ張り出された。ウィーガンのA7V戦車は2006年に製作が始まり、2009年にタンク・フェストで披露されたレプリカ車両である。ボブは第一次世界大戦の戦車への純粋な興味からこのA7Vの製造を実現した。

そしてこの2両のレプリカ戦車は、戦車博物館において、当時の戦車がどのように見えて、どのように行動したか研究を深める格好の機会を提供したのであった。この走行展示とイベントを通じて、多くの観客が当時の戦車や戦車兵の実態に興味を抱いてくれたものと強く期待している。

▲リエンナクターに先導されて2009年のタンク・フェスト会場入りするレプリカのA7V戦車。

▼2012年のタンク・フェストにて歩兵との直協戦術を披露するマークⅣ戦車のレプリカ車。

付録 1

戦車博物館保有の重要な初期の車両コレクション

【ホーンビー・トラクター】
1903年、16トンの貨物を40マイル（約64km）牽引可能なトラクターを開発するという計画が始動した結果、1909年にホーンビー社にこのトラクター製造を命じられた。この車両はデヴィッド・ロバートが設計した履帯を使用していたが、同社はこの機械に興味と販売意欲を持っておらず、アメリカのホルト社に売却するという結果となった。このトラクターは軍需品には採用されなかったが、軍事関係者は第一次世界大戦の勃発より先に履帯に興味を持ち、その可能性に気付くきっかけとなったのである。

【リトル・ウィリー／No.1 リンカーン・マシーン】
戦車の始祖とも称されるこの車両は、西部戦線の膠着状態を破るための機械を開発しようと設立された陸上軍艦委員会の努力の賜である。最初に開発された車両では、民間用車両の履帯を流用していたが、これは塹壕を越える際に履帯が垂れ下がり、それが転輪に戻らずに外れてしまう欠陥が明らかになった。そこで設計者のウィリアム・トリットンとウォルター・ウィルソンは履帯を再設計し、これが成功と見なされたが、その間に彼らはより実戦的な車両——マザーの開発に成功していた。この結果、リトル・ウィリーの試験は中断されたのである。

【マークⅠ戦車（オス型）】
1916年9月15日に初めて実戦に投入された戦車の、唯一の現存車両である。この車両は、リトル・ウィリーやマザーの試験場を提供してくれたハットフィールド・パークへの感謝の印として、1919年5月にソールズベリーのマルケスに寄贈された車両であった。そして1969年に同地から戦車博物館に寄贈されたものである。

【マークⅡ戦車】
（オス型として製造されたが、現在はメス型のスポンソンを装着している）マークⅡ（およびマークⅢ）戦車は訓練用として製造された車両であるため、実戦投入は想定されていない。したがって外板に熱処理した装甲鋼鈑を使用していない。しかし逼迫する戦況から、1917年4月にアラスの戦いに投入された。この車両は後部にドイツ軍の77mm砲弾による損傷を残している。

【マークⅣ戦車（メス型）】
本書はこの戦車に焦点を当てている。戦車博物館では常設展示されていて、内部に入れるようになっている。

【マークⅤ戦車（オス型）】
マークⅤ戦車は、前型となるマークⅣ戦車が操向に4名の乗員を必要としていたのに対して、1名で操向可能とした改良型戦車である。またエンジンもハリー・リカード製に換装されている。生産数は400両で、1918年7月に初めて実戦投入された。この戦車はミリタリー・クロス受賞者のウィッテンベリー中尉の指揮のもとで、8月8日のアミアンを皮切りに、少なくとも3度の実戦を経験している。

【マークⅤ ** 戦車（メス型）】
イギリス軍の戦車に対抗して、ドイツ軍が対戦車壕の拡張で応じると、新型戦車は車体を6フィート（約1.8m）延長して、超壕性を高めた設計で対応した。最初の派生型車両であるマークⅤ*戦車は暫定的な解決策であったが、マークⅤ**戦車は兵員輸送機能も備えていた。ところが実戦投入前に戦争が終わってしまった。この戦車はクライストチャーチにて、工兵部隊主導の橋梁敷設および地雷除去試験の実験車両に使用された。その縁から工兵部隊所属の最初の装甲車両となっていた。

【マークⅧ戦車】
1918年に始まったイギリスとアメリカの共同開発事業の成果が本車である。1919年の攻勢戦略を控えて、フランス陸軍で使用される予定の戦車であった。この戦車は車内後部に機関室を置いて隔壁を設けた新設計を導入し、オス型、メス型の別を廃止していた。しかし終戦にともない、イギリスで6両が部隊配置されただけで終わってしまった。展示は最後のマークⅧ戦車である。アメリカ軍では100両ほどのマークⅧ戦車を完成させて、1930年代初頭まで主として訓練で使用していた。

【マークⅨ戦車】
1918年11月に第一次世界大戦終戦に間に合わなかった戦車であるが、マークⅨ戦車は多用途戦車として開発がはじまり、最終的に兵員および物資輸送車として完成した。「豚」とあだ名されたこの車両は兵員30名ないし10トンの物資を車内に収容できるほか、外装品として専用の橇を牽引できた。マークⅨ戦車は1918年11月にヘンドン・レザボアにて浮航戦車試験にも使用された。

【ピアレス装甲車】

国内治安の維持や、植民地における「警察」車両の需要から、陸軍省はオースティン社に適切な車両の開発を依頼した。同社はロシア帝国向けに同じような用途の車両を開発していたのである。イギリス軍はすでにかなりの数のアメリカ製ピアレス2½トントラックのシャシーを保有してしたので、このうち100両分をオースティン社に供給し、装甲車体を装着して完成車を開発するように命じた。この装甲車は、視界の悪さを補うために、後部座席からも操縦できるようになっていた。

【ロールスロイス装甲車 1920年型マークI】

1914年末に海軍航空隊はロールスロイスの乗用車を装甲車に改修して、これを「海軍型」車両として採用し、第一次世界大戦に導入した。陸軍が新型装甲車を必要とした際に、若干の改良を施された海軍型が提供された。この車両は1920年から1940年まで、アイルランドと上海で使用された。車両の性能を立証するために、今日でも戦車博物館のイベントなどで稼働する機会が多い。

ボーヴィントン戦車博物館

イギリスのドーセット州ボーヴィントンにある戦車博物館は、世界各地から300両以上の車両を保管している、世界最高峰の軍用車の博物館である。ボーヴィントンの地は、1916年に戦車訓練場として選ばれ、現在もイギリス陸軍の戦車操縦訓練場として機能している。博物館の車両収集は兵士の教育支援として始まり、その役割は今日も続いているが、展示は一般人中心の観客に開放されている。観客の大半は戦車の専門家やマニアではない。艦内は戦車の展示や解説、ツアーだけでなく、走行可能な車両の試乗なども実施されている。また博物館には豊富な書庫と図書館があり、本書で再現されている資料や写真の大半は、博物館が保有している数百万点の資料から探し出されたものである。

戦車博物館の詳細は
以下のホームページを参照されたし。
www.tankmuseum.org.

付録 2

Mk.IV戦車の諸元

乗員	8
重量	27.9英トン(28.4メトリックトン)
重量毎出力比	3.7bhp／英トン(2.8kW／メトリックトン)
全長	26フィート 3インチ(8m)
全幅	13フィート 6インチ(4.11m)
全高	7フィート 11インチ(2.43m)
エンジン	ダイムラー製ナイト式スリーブバルブ 水冷直列6気筒、105hp、78kW／1000rpm
トランスミッション	プライマリ：前進2段後退1段 セカンダリ：出力シャフト上での2段選択式
燃料	70ガロン(318リッター)
最高速度	3.69mph(時速5.95km)
航続距離	35マイル(56km)
燃費	2.08ガロン／マイル (5.9リッター／km)
接地圧	27.8ポンド／平方インチ
超壕性能	11フィート 5インチ(3.5m)
装甲	½インチ(最高14mm)
武装	6ポンド砲 x 2(23口径57mm速射砲) ルイス空冷式機関銃 4挺
最大射程(6ポンド砲)	7978ヤード(7300m)
砲口初速(6ポンド砲)	1348フィート／秒(411m／秒)
弾薬	徹甲弾、榴弾、榴散弾
弾薬積載量(オス型)	6ポンド砲弾(332発)、機関銃弾(6272発)、